中国环境规划政策绿皮书

中国环境政策改革 40 年

40 Years of Evnironmental Policy Reform in China

葛察忠　董战峰　李晓亮　李红祥　等 编著

中国环境出版集团 · 北京

图书在版编目（CIP）数据

中国环境政策改革 40 年/葛察忠等编著. —北京：中国环境出版集团，2019.5
（中国环境规划政策绿皮书）
ISBN 978-7-5111-3980-1

Ⅰ. ①中… Ⅱ. ①葛… Ⅲ. ①环境政策—研究报告—中国 Ⅳ. ①X-012

中国版本图书馆 CIP 数据核字（2019）第 090167 号

出 版 人 武德凯
责任编辑 葛 莉 曹 玮
责任校对 任 丽
封面设计 彭 杉

出版发行 中国环境出版集团
（100062 北京市东城区广渠门内大街 16 号）
网 址：http://www.cesp.com.cn
电子邮箱：bjgl@cesp.com.cn
联系电话：010-67112765（编辑管理部）
发行热线：010-67125803，010-67113405（传真）
印 刷 北京中科印刷有限公司
经 销 各地新华书店
版 次 2019 年 5 月第 1 版
印 次 2019 年 5 月第 1 次印刷
开 本 787×1092 1/16
印 张 9
字 数 70 千字
定 价 60.00 元

《中国环境规划政策绿皮书》
编　委　会

《中国环境政策改革40年》
编委会

主　编　葛察忠　董战峰　李晓亮　李红祥

编　委　杜艳春　璩爱玉　龙　凤　贾　真

李婕旦　王　青　袁子林　毕粉粉

周　全　田仁生　管鹤卿　胡　睿

瞿茜阳　孙崇洋　郭治鑫

执行摘要

在改革开放 40 年之际，系统回顾总结我国环境政策发展的历程，分析我国环境政策的演进脉络、发展变化、阶段特征，以及我国环境政策改革实践取得的成绩，有助于更好地总结我国环境政策的经验教训，为新时代环境政策改革与创新提供思路和方向。

报告回顾了自改革开放以来中国环境政策的发展变化，根据重要环境政策出台实施等因素，把我国环境政策的发展历程大体分为四个阶段。第一阶段为点源治理、制度建设阶段（1978—1992 年）。该阶段确立了环境保护的基本国策地位，重点推进实施了“三废”治理政策以及城市环境综合整治。实施了预防为主、防治结合，谁污染谁治理和强化环境管理的三大政策，以及“三同时”制度、环境影响评价、排污收费、城市环境综合整治定量考核、环境目标责任、排污申报登记和排污许可证、限期治理和污染集中控制等八项环境管理制度。第二阶段为多源管控、强化监管执法阶段（1993—2005 年）。该阶段强化环保部门的统一监督管理职能，开始实施主要污染物总量控制制度，环境政策由点源治理向区域、流域综合治理转变，由末端治理向源头治理与保护生态转变，日益强化环境执法与治理投入。第三阶段为多种政策综合调控阶段（2006—2011 年），该阶段加快推进制（修）定环境保护相关法律，强化科技支撑环境监管，全面推进环境经济政策体系建设，不断健全公众参与机制。第四阶段为环境政策系统性改革阶段（2012 年至今）。该阶段加强生态文明顶层设计，环境法治体系向系统化和纵深化发展，加快推动建立最严格的环境保护制度，建立和完善环境保护市场机制。

总体来看，经过 40 年来的改革创新与实践探索，中国环境政策改革取得了重大成绩，“四梁八柱”性质的环境政策体系基本建立，生态环境保护法治体系不断强化，生态环境行政管理政策体系不断健全，生态环境经济政策体系不断完善，多元环境治理体系初见成效。同时，环境政策改革面临一系列挑战，包括社会主义基本矛盾的变化，新一轮的环境体制改革，长期环境质量改善和短期污染防治攻坚战等都对环境政策创新提出了新需求和新期待。新时期生态环保政策改革需要以生态文明思想为指导，基于问题导向和需求导向，从强化、整合和创新入手，推动绿色发展转型、解决突出生态环境问题、有效防范生态环境风险、提高环境治理水平，包括积极完善生态环境法律法规体系，持续推进体制机制改革，落实党政绿色发展责任，完善约束激励机制，健全环境经济政策体系，积极引导社会力量，实现多元共治环保格局等。

Executive Summary

A systematic review and summary of the development course of China's environmental policy, and an analysis of the evolution, development, change and stage characteristics, as well as the achievements of China's environmental policy reform when the 40th anniversary of reform and opening up is upcoming, will help to better learn from the experience and lessons of China's environmental policy, and set the course for environmental policy reform and innovation in the new era.

The report reviews the development and changes of China's environmental policies since the reform and opening up in four stages marked with important environmental policies. The first stage is point source treatment and system construction (1978—1992), during which environmental protection became a national policy with focus on the rolling out treatment of "three wastes" and the comprehensive improvement of urban environment. Three major policies have been implemented, namely, Three major environmental protection policies: prevention first, combination of prevention and control, whoever causes pollution is responsible for its treatment and greater environmental management. Moreover, Eight management systems were also in effect, such as system of three simultaneities which refers to the pollution measures taken simultaneously when the building is designed, constructed and put into operation at the same time, environmental impact evaluation system, pollution charges, the objective responsibility for the environmental protection, quantitative assessment of the comprehensive improvement of the urban environment, application for registration and emission permits, undertake treatment within a prescribed limit of time, and centralized control of pollution. The second stage is about multi-source control and greater law enforcement (1993—2005). At this stage, the unified supervision and management functions of environmental protection departments were strengthened, and the total amount control system of major pollutants got off the ground. The environmental policy shifted from point source control to regional and river basin comprehensive management, from end management to source control and ecological protection, combined with greater environmental law enforcement and governance investment. The third stage is the comprehensive regulation and control stage with various policies (2006—2011). In this stage, greater efforts were made on the formulation of relevant laws on environmental protection, support environmental supervision with science and technology, comprehensive construction of environmental and economic policy system, and improvement of public participation mechanism. The fourth stage is the systematic reform stage of environmental policy (from 2012 to now), during which the top-level design of ecological civilization were enhanced, marked with extended and improved environmental legal system, the establishment of the strictest environmental protection system, and the market mechanism of environmental protection.

Overall, after 40 years of reform, innovation and practice, China has made great achievements in environmental policy reform. The environmental policy system with multiple pillars has been basically established, composed of the rule of law system, the policy system for the administration of the ecological environment, the economic policy system for the ecological environment, and the multi-environmental governance system. At the same time, the environmental policy reform is exposed to a series of challenges, including the evolution of principle contradiction facing Chinese society, a new round of environmental system reform, long-term environmental quality improvement and short-term pollution prevention and control, which all mean new demands and expectations for environmental policy innovation. In the new era, the policy reform of ecological environmental protection needs to promote the transformation of green development, to solve outstanding ecological environment problems, to effectively prevent ecological environment risks, and to improve the level of environmental governance under the guidance of the idea of ecological civilization based on the problems and demands. The efforts will be devoted to better legal and regulatory system of the ecological environment, the continuous reform of the system and mechanism, putting into place the responsibility of green development of the Party and government, sufficient restraint and incentive mechanism and the environmental and economic policy system. In this way, social forces can be fully engaged to achieve the multi-governance environmental protection pattern, etc.

前　言

自1978年中国实施改革开放以来，环保工作掀开了波澜壮阔的篇章，至今已经走过了40个年头，一路风雨兼程，取得了很大的进展与成绩，也有不少的教训，而环境政策在这一进程中发挥着重要作用。可以说，中国的环境保护变迁史就是一部环境政策改革史。从改革的逻辑来说，基本上是问题导向式的，环境政策随着环保工作定位和重心的变化在不断发生变化，环境政策从开始的重视不够到高度重视，政策方向也随着环境保护的阶段性重点工作在发生相应变化；从改革方式来看，从环境政策被动应对环境问题，处于社会经济发展的边缘、辅助角色，向主动推动环境问题解决、引导和牵引社会经济持续发展转变；从政策对象来看，从主要关注工业企业点源治污减排逐步向工业源、城镇生活源、农业农村源并重调整，并开始更加关注流域、区域尺度的治理问题；从政策手段上来看，从主要靠行政控制型手段为主，逐步向运用行政规制政策、市场经济政策、社会治理政策等实施综合调控转变。目前，总体来看，适应生态文明建设要求的环境政策体系基本建立，生态环境行政管理政策体系不断健全，生态环境保护法治体系不断强化，生态环境经济政策体系不断完善，以政府、市场与社会共治为核心的多元环境治理体系初显成效，环境政策已经成为生态文明建设的主要组成部分，并对深入推进探索生态文明建设发挥了重要作用。

回顾过去可以更好地谋划未来。在改革开放40年之际，系统回顾总结我国环境政策发展的历程，分析我国环境政策的变化脉络、发展趋势、演进路径，以及我国环境政策改革实践取得的成绩，有助于更好地理解我国当前和今后阶段的环境政策特征。当前我国生态环境保护工作正处于历史性转变的关键节点，进入深入开展环境治理的关键期、污染防治攻坚期、又好又快解决环境问题的窗口期，同时发展方式和路径的调整以及生态文明建设对环境政策提出新时代需求，如何在习近平社会主义生态文明思想指导下，通过改革创新谋划解决好生态环境问题，是面临的最为迫切的需求。因此，在40年环境政策改革的经验总结基础上，结合新形势下的宏观发展形势以及生态环境保护形势，识别环境政策改革面临的关键挑战，研判环境政策改革的方向和思路，是新时期更好地推进我国生态环境保护工作及生态文明建设工作的重大需求，也是环境政策改革创新的历史使命。

在本书编写过程中，得到了生态环境部环境规划院王金南院长等领导的大力支持，在此表示衷心的感谢！感谢生态环境部环境规划院杜艳春博士、璩爱玉博士、龙凤博士等研究人员对报告写作和出版的重要贡献，本书的出版离不开他们辛勤而又卓有成效的工作。

希望本书的出版会对生态环境机关政府部门管理人员、高校院所从事环境政策研究的专家学者，以及有关专业的研究生提供参考。限于编写人员的能力水平，以及资料占有的局限性，报告的一些结论不可避免地会存在争议，希望诸位同仁一起多加探讨交流，也恳请广大读者批评指正！

本书编委会

2019 年 2 月 27 日

目录

目录

目录

1

环境政策 40 年变迁历程

改革开放 40 年以来，中国环境政策发生了重大变化，也取得了积极进展，系统回顾分析中国环境政策发展的演进脉络和阶段性变化特征，对于更好地深入推进环境政策改革十分必要。

我国环境保护事业是从 20 世纪 70 年代起步的，根据重要环境政策出台实施等因素，可以把我国环境政策的发展历程大体分为四个阶段：强化点源治理、加快制度建设阶段（1978—1992 年），实施多源管控、强化监管执法阶段（1993—2005 年），实施综合调控、提升治理效果阶段（2006—2011 年），推动系统改革、完善政策体系阶段（2012 年至今）。

1.1 强化点源治理、加快制度建设（1978—1992 年）

1978—1992 年为点源治理、加快制度建设阶段，也是我国环保意识从启蒙期逐步进入初步发展的阶段。这一阶段，初步明确了环境保护在社会经济发展中的地位和作用，开始从宏观上理顺经济建设和环境保护的关系；成立了独立的环境保护机构，开展了环境保护综合性立法、制定了环境保护政策和制度，加大了重点地区环境污染的整治力度。但是由于正值改革开放初期，乡镇企业不断发展壮大，环境保护工作没有及时跟上经济发展形势，对乡镇企业的环境污染监管处于失控状态，“十五小”导致环境急剧恶化，形成环境问题从点到面、从城市到农村蔓延，环境问题十分严重。尽管此阶段国家环保工作在不断加强，但环境不断恶化的趋势没有得到遏制。

1.1.1 确立三大环境政策和八项环境管理制度

国家开始设立独立的环境保护机构。1971 年在国家计委成立了环境保护办公室，中国政府机构的名称中第一次出现“环境保护”。1973 年在国务院批准国家计委的《关于全国环境保护会议情况的报告》（国发〔1973〕158 号）中提出：“各地区、各部门要设立精干的环境保护机构，给他们以监督、检查的职权。”根据文件规定，在全国范围内各地区、各部门陆续建立起环境保护机构。1974 年 10 月，经国务院批准正式成立了国务院环境保护领导小组。由国家计委、工业、农业、交通、水利、卫生等有关部委领导组成，下设办公室负责处理日常工作。领导小组主要职责是负责制定环境保护的方针、政策和规定，审定全国环境保护规划，组织协调和督促检查各地区、各部门的环境保护工作。1974 年，由国家计委代管的国务院环境保护领导小组办公室转归国家建委代管。1982 年，国家设立城乡建设环境保护部，内设环保局，从而结束了“国务院环境保护领导小组办公室”10 年的临时状态。1988 年，环保局从城乡建设环境保护部分离出来，建立了直属国务院的国家环保局。至此，环境管理成为国家的一个独立工作部门。实践证明，已确定的环境污染防治和规划需要有相应的机构和人员去推动实施。各省、市、区也都相继建立机构，在国家各级管理层面上环境保护得到了重视。

确定环境保护的基本国策地位。1978 年 12 月 31 日，中共中央批转了国务院环境保护领导小组的《环境保护工作汇报要点》（以下简称《汇报要点》），这是我党历史上第一次以中央的名义做出的环境保护工作的指示，它引起了各级党组织的高度重视。《汇报要点》

的转批加快了全国各级环保系统机构建设的步伐，切实推动了我国环境保护事业的发展。1983 年 12 月国务院召开了第二次全国环境保护会议。会议总结了过去 10 年环境保护工作经验，明确提出了环境保护是一项基本国策，确定近期和长远的环境保护奋斗目标和工作任务，使环境保护与经济建设统筹兼顾、同步发展。会议强调了要把自然资源的合理开发和充分利用作为环境保护的基本政策，加强对环境保护工作的科学管理，进一步加强对环境保护工作的领导，落实环境保护的资金渠道。这些要求在 1984 年颁布的《国务院关于环境保护工作的决定》中得到了充分体现。

推进建立环境保护法律体系。1973 年 4 月，我国颁布了《关于进一步开展烟囱除尘工作的意见》，11 月颁布了我国第一个环境标准《工业“三废”排放试行标准》；之后的几年内又陆续颁布了《中华人民共和国防止沿海水域污染暂行规定》（1974 年）等政策法规。1978 年，我国《宪法》第一次对环境保护做出规定，“国家保护环境和自然资源，防止污染和其他公害”，为环境保护法制化建设奠定了基础。1979 年 9 月，《中华人民共和国环境保护法（试行）》颁布，第一次从法律上要求各部门和各级政府在制定国民经济和社会发展计划时必须统筹考虑环境保护，为实现环境和经济社会协调发展提供了法律保障。1989年《中华人民共和国环境保护法》又作了修订。同期，还陆续制定并颁布了污染防治方面的单项法律和标准，包括《中华人民共和国海洋环境保护法》（1982年8月）、《中华人民共和国水污染防治法》（1984年5月）、《中华人民共和国大气污染防治法》（1987年9月）；同时又相继出台了《中华人民共和国森林法》（1984年9月）、《中华人民共和国草原法》（1985年6月）、《中华人民共和国水法》（1988年1月）、《中华人民共和国野生动物保护法》（1989年3月）、《中华人民共和国水土保持法》（1991年6月）等资源环境保护方面的法律，初步构成了一个环境保护的法律框架。自此，环境保护法律开始成为我国环境保护工作的重要保障，成为我国社会主义法律体系的重要组成部分。

专栏1-1　第二次环境保护会议首次提出环境保护是一项基本国策

1983年12月国务院召开了第二次全国环境保护会议。会议的主要任务是总结过去10年环境保护工作经验，研究新时期环境保护的方针政策，确定近期和长远的环境保护奋斗目标和工作任务，使环境保护与经济建设统筹兼顾、同步发展。

这次会议的最大贡献有两个方面：一是明确提出了环境保护是一项基本国策；二是强调了经济建设和环境保护必须同步发展，要求经济建设、城乡建设和环境保护同步规划、同步实施、同步发展，实现经济效益、社会效益和环境效益的统一。基本国策的确立确定了环境保护在国家经济和社会发展中的重要地位，“三同步”与“三统一”是第一次在战略高度上确定了环境保护工作的指导方针，对环保事业的发展具有深远的影响，标志着我国的环境保护从单纯的污染治理开始转向重视经济、社会与环境协调发展的新阶段。

确立环境保护三大政策和八项管理制度。1989 年 4 月底，国务院召开了第三次全国环境保护会议。时任国务院环境保护委员会主任的宋健同志在会议开幕式中强调要向环境污染宣战。这次会议的重要贡献是，确定了环境保护三大政策和八项管理制度，即预防为主、防治结合，谁污染谁治理和强化环境管理的三大政策。同时还出台了包括“三同时”制度、环境影响评价制度、排污收费制度、城市环境综合整治定量考核制度、环境保护目标责任制度、排污申报登记和排污许可证制度、限期治理制度和污染集中控制制度。为了落实第三次全国环境保护会议精神，1990 年国务院颁布了《关于进一步加强环境保护工作的决定》，强调了要严格执行环境保护法律法规和依法采取有效措施防治工业污染。

专栏 1-2　第三次全国环境保护会议确定了环境保护三大政策和八项管理制度

1989 年 4 月 28 日至 5 月 1 日，国务院召开了第三次全国环境保护会议。会议主要研究在治理经济环境、整顿经济秩序和全面深化改革中，如何治理环境污染，把环境保护工作推上一个新的阶段。

会议形成了“三大环境政策”，即环境管理要坚持预防为主、防治结合。谁污染谁治理和强化环境管理三项政策。“预防为主”的指导思想是指在国家的环境管理中，通过计划、规划及各种管理手段，采取防范性措施，防止环境问题的发生；“谁污染谁治理”政策是指对环境造成污染危害的单位或者个人有责任对其污染源和被污染的环境进行治理，并承担治理费用；“强化环境管理”的主要措施包括：制定法规，使各行各业有所遵循，建立环境管理机构，加强监督管理。

会议的另一个主要贡献是提出在治理整顿中建立环境保护工作的新秩序，其核心是加强制度建设，全面推行新老八项环境管理制度，即在实行环境影响评价、“三同时”、排污收费三项制度基础上，增加环境保护目标责任制、城市环境综合整治定量考核、排污许可证、污染集中控制和限期治理五项新制度；强化监督管理；不断完善环境保护法律法规，依法治理环境，把环境保护工作新秩序建立在法制的基础上。

1.1.2 重点进行“三废”治理

开始推动编制环境保护规划与计划。为了控制环境恶化、改善环境质量，需要重视环境保护工作的统筹规划，国家开始推进环境保护规划编制与实施，是从1974年国务院环境保护领导小组成立之后，1974年、1975年、1976年连续下发了《环境保护规划要点》《关于环境保护的10年规划意见》《关于编制环境保护长远规划的通知》三个政策文件，并要求从1977年起，切实把环境保护纳入国民经济的长远规划和年度计划，为有计划地逐步解决环境污染问题奠定了基础。1981年颁发的《国务院关于在国民经济调整时期加强环境保护工作的决定》要求，各级人民政府在制订国民经济和社会发展计划、规划时，必须把保护环境和自然资源作为综合平衡的重要内容，把环境保护的目标、要求和措施切实纳入计划和规划，加强计划管理。工交、农林、科研、卫生等企事业单位及其主管部门，都要制定具体的环境保护目标和指标，在年度计划中做出安排。

专栏 1-3　环境保护开始纳入国民经济的长远规划和年度计划

按照原国家计委《关于拟定国家十年规划的通知》，国务院环境保护领导小组于1975年5月编制了我国第一个环境保护10年规划（1976—1985年）。该规划的总体目标是“5年内控制、10年内基本解决环境污染问题”。总体来看，这一时期的环境保护规划属于污染治理型计划。

1976年5月，国家计委和国务院环境保护领导小组联合下发的《关于编制环境保护长远规划的通知》明确要求，把环境保护纳入国民经济的长远规划和年度计划，这成为环保规划的依据，也为有计划地逐步解决环境污染问题奠定了基础。

1981 年颁发的《国务院关于在国民经济调整时期加强环境保护工作的决定》，再次强调要加强国家对环境保护的计划指导，对工业布局、城镇分布、人口配置等问题进行统筹规划，创造适宜于人们生活和工作的良好环境，要求各级人民政府在制订国民经济和社会发展计划、规划时，必须把保护环境和自然资源作为综合平衡的重要内容，把环境保护的目标、要求和措施，切实纳入计划和规划，加强计划管理。工交、农林、科研、卫生等企事业单位及其主管部门，都要制定具体的环境保护目标和指标，在年度计划中做出安排。

推进开展“三废”综合治理管理。1972 年 6 月，国务院首次提出工厂建设和“三废”利用工程“三同时”（同时设计、同时施工、同时投产）制度。1973 年，第一次全国环境保护会议进一步重申了“三同时”制度，并通过了《关于保护和改善环境的若干规定（试行）》。之后，国务院在批转国家计委《关于全国环境保护会议情况的报告》（国发〔1973〕158 号）和《关于保护和改善环境的若干规定》时指出：对所有的城市、河流、港口、工矿企业、事业单位的污染，要迅速做出治理规划，分批分期加以解决。根据城市煤烟型污染的特点，城市环保工作主要开展了以点源治理为主的锅炉改造和安装除尘设备的消烟除尘工作。1975 年印发的《关于环境保护的 10 年规划意见》指出，对工矿企业不适当地排放“三废”问题，一是要对现有工矿企业的污染进行积极治理、逐步消除；二是新建、扩建、改建的工业项目，要同时采取防治措施，不再造成新的污染；三是按照环境保护要求，注意工业的合理布局。1977 年印发的《关于治理工业“三废”，开展综合利用的几项规定》，从经营管理、防止新污染、加强考核、合理利用、规划制定、收费规定、税收优惠、盈利规定、污染企业、科研监测、物资供给和人员需求 12 个方面作出了明确规定。

专栏 1-4　工业“三废”治理取得了一定成效

为落实环境保护规划计划，根据建设项目“三同时”制度，环保部门深化工业废水、废气、废渣的“三废”治理工作。据不完全统计，至 1985 年，在全国 10 万台污染严重的锅炉中，有 70%以上进行了消烟除尘改造。通过改进燃烧方式和采取净化处理设施，解决了部分城市局部的环境污染。同时，1985—1990 年，在工业稳定增长的情况下，工业烟尘和工业粉尘排放量由 2 600 万 t 下降到 2 100 万 t，万元产值工业废水排放量由 310 t 下降到 180 t。

推进实施城市环境综合整治。1988 年 9 月，国务院环境保护委员会第 13 次会议决定对城市环境综合整治实行定量考核。1989 年，第三次全国环境保护会议确定“城市环境综合整治定量考核制度”作为八项环境管理制度之一。城市环境综合整治已经逐渐从单一的污染治理转到从城市发展全局出发进行防治。

专栏 1-5　推进实施城市环境综合整治

通过开展城市环境综合整治，城市工业污染防治和城市基础设施建设得以快速发展。北京市发展城市煤气、建设城市集中供热体系，解决城市大气煤烟型污染的状况，1986 年颁布了《关于在规划市区内征收城市“四源”建设费暂行规定》，通过价格手段推进煤气厂建设，促进大气环境质量的改善。天津城市环境治理工作，主要从调整城市发展结构入手改善城市环境。在产业结构调整过程中，实行污染企业搬迁，同时开展小电镀治理工作，建立了全国首家最大的城市二级污水处理厂——日处理城市混合污水 26 万 t 的纪庄子污水处理厂。城市环境治理的成功成为该阶段环境发展过程中闪亮的一页。

明确环境保护资金渠道。1976 年由国家计委和国务院环境保护领导小组联合下发的《关于编制环境保护长远规划的通知》，首次对环境保护的资金渠道提出了明确要求：其一，新建、扩建、改建项目的“三废”治理工程所需投资，随主体工程由各部门、各地区在建设投资中安排。其二，现有企业治理污染所需资金，主要在“固定资产更新和技术改造资金”中解决。工程量大、费用多的治理项目，应分别纳入各部门、各地区的基本建设计划。国务院各部直属、直供企业，由各部负责安排解决；地方企业由地方负责安排解决。城市排水管网的污水处理设施建设，在城市建设费用中安排解决。其三，凡属“三不管”的污染治理项目和事情，其所需资金在国家“五五”规划已分配给各省、市、区的环境保护补助投资中解决。该阶段虽然环保投入渠道明确，但落实情况并不好，企业治污资金和城市环境整治资金长期缺口较大。

1.2 实施多源管控、强化监管执法（1993—2005 年）

自 1993 年开始，我国工业化进程开始进入第一轮重化工时代。同时，城市化进程加快，1999 年城市化率比 1978 年的 17.92%整整增加了 1 倍，到 2005 年提高到 43%。伴随粗放式经济的高速发展，我国进入环境问题全面爆发期，工业污染和生态破坏总体呈加剧趋势，流域性、区域性污染开始出现。同时，各级政府越来越重视污染防治工作，环保投入不断增大，污染防治工作开始由工业领域逐渐转向城市，城市环境综合整治工作取得积极进展。由于对环境问题的长期性、艰巨性、复杂性认识不够，在思想和行动上准备不足，出现了环境目标制定脱离现实等问题，治理方式主要依赖行政手段，最终导致环境治理总体效果很不理想。

1.2.1 出台环境保护重大决策

在可持续发展战略框架下推进环境政策改革。1994年3月，国务院第十六次常务会议讨论通过了《中国21世纪议程》，提出了中国实施可持续发展的总体战略、对策以及行动方案。1996年3月，第八届全国人民代表大会第四次会议审议通过《中华人民共和国国民经济和社会发展“九五”计划和2010年远景目标纲要》，把实施可持续发展作为现代化建设的一项重大战略写入纲要之中。2002年8月26日—9月4日，在南非约翰内斯堡举行的联合国可持续发展世界首脑会议上，时任国务院总理朱镕基全面阐述了中国对可持续发展问题的原则立场，宣传介绍中国的环境保护和经济社会发展经验，呼吁各国深化对可持续发展的认识，同时宣布中国政府核准《京都议定书》。2002年，党的十六大明确提出经济建设要“走出一条科技含量高、经济效益好、资源消耗低、环境污染少、人力资源优势得到充分发挥的新型工业化路子”。同年，时任中共中央总书记江泽民在全球环境基金第二次成员国大会上指出：“只有走以最有效利用资源和保护环境为基础的循环经济之路，可持续发展才能实现。”这些重大战略决策，对不断提高资源环境保障能力、解决我国经济发展与资源环境矛盾、实现国民经济又快又好发展具有重要意义。

专栏 1–6　中国实施可持续发展战略

1992 年联合国环境与发展大会通过了《21 世纪议程》，中国政府做出了履行《21 世纪议程》等文件的庄严承诺。1994 年 3 月 25 日，《中国 21 世纪议程》经国务院第十六次常务会议审议通过。《中国 21 世纪议程》共 20 章、78 个方案领域，提出了中国实施可持续发展的总体战略、对策以及行动方案。其主要内容分为四大部分：

第一部分，可持续发展总体战略与政策。提出了中国可持续发展战略的背景和必要性；提出了中国可持续发展的战略目标、战略重点和重大行动，可持续发展的立法和实施；制定了促进可持续发展的经济政策，参与国际环境与发展领域合作的原则立场和主要行动领域。

第二部分，社会可持续发展。包括人口，居民消费与社会服务，消除贫困，卫生与健康，人类住区和防灾减灾等。其中最重要的是实行计划生育、控制人口数量和提高人口素质。

第三部分，经济可持续发展。把促进经济快速增长作为消除贫困、提高人民生活水平、增强综合国力的首要条件。

第四部分，资源的合理利用与环境保护。包括水、土等自然资源保护与可持续利用，还包括生物多样性保护；防治土地荒漠化，防灾减灾等。

加快推进环境立法进程。该阶段陆续修订了《水污染防治法》《大气污染防治法》《海洋环境保护法》，出台了《固体废物污染环境防治法》（1995 年 10 月）、《环境噪声污染防治法》（1996 年 10 月）、《防沙治沙法》（2001 年 8 月）、《清洁生产促进法》（2002 年 6 月）、《环境影响评价法》（2002 年 10 月）。其中《环境影响评价法》是立法方向的转变，也是环境管理方式的转变，从“先污染后治理”转向“先评价后建设”，预防在先、治理在后。国务院制定或修改了《自然保护区条例》等20多件环境法规。制定和修订环境标准200多项。

专栏1-7 推进建立环境影响评价制度

我国环境影响评价制度的立法经历了三个阶段。

第一阶段为创立阶段。1973年首次提出环境影响评价的概念，1979年颁布的《环境保护法（试行）》使环境影响评价制度化、法律化。1981年发布的《基本建设项目环境保护管理办法》专门对环境影响评价的基本内容和程序做了规定。后经修改，1986年颁布了《建设项目环境保护管理办法》，进一步明确了环境影响评价的范围、内容、管理权限和责任。

第二阶段为发展阶段。1989年正式颁布《环境保护法》，该法第13条规定："建设污染环境的项目，必须遵守国家有关建设项目环境保护管理的规定。建设项目的环境影响报告书，必须对建设项目产生的污染和对环境的影响做出评价，规定防治措施，经项目主管部门预审并依照规定的程序报环境保护行政主管部门批准。环境影响报告书经批准后，计划部门方可批准建设项目设计任务书。"1998年，国务院颁布了《建设项目环境保护管理条例》，进一步提高了环境影响评价制度的立法规格，同时环境影响评价的适用范围、评价时机、审批程序、法律责任等方面均做出了很大修改。1999年3月，国家环保总局颁布《建设项目环境影响评价资格证书管理办法》，使我国环境影响评价走上了专业化的道路。

第三阶段为完善阶段。针对《建设项目环境保护管理条例》不足以适应新形势发展的需要，2003年9月1日起施行的《环境影响评价法》是我国环境影响评价制度发展历史上的一个新的里程碑，是我国环境影响评价走向完善的标志。

强化环保部门的统一监督管理职能。1993年3月，全国人大成立了环境与资源保护委员会（简称环资委），同时，全国政协也相应设立了人口资源环境委员会。为了进一步加强对环境保护工作的指导，落实国务院关于环境保护工作的部署，根据《国务院关于机构设置的通知》（国发〔1998〕5号）和《国务院办公厅关于印发国家环境保护总局职能配置内设机构和人员编制规定的通知》（国办发〔1998〕80号），1998年6月，国家环境保护局升格为国家环境保护总局（正部级），是国务院主管环境保护工作的直属机构。国务院环境保护委员会撤销。同年6月，国家核安全局并入国家环境保护总局，内设机构为核安全与辐射环境管理司（国家核安全局）。

为了更好地完成协调管理环境事务的新职能，由国家环境保护总局牵头，分别建立了相关部际联席会议制度。但是由于环境问题的复杂性以及当时部际协调机制还不完善，使污染治理和生态保护的统一监督管理能力并没有得到实质性的加强。

实施主要污染物总量控制制度。1996年8月，《国务院关于环境保护若干问题的决定》中首次提出“要实施污染物排放总量控制，建立总量控制指标体系和定期公布制度”，标志着我国污染物排放管理开始由浓度控制向浓度控制和总量控制相结合转变。“九五”期间，实施《全国主要污染物排放总量控制计划》，要求废气或废水中排放的烟尘、二氧化硫、粉尘、化学需氧量、石油类、氰化物、砷、汞、铅、镉、六价铬和工业固体废物等12项指标实现排放总量下降10%～15%的目标，并明确提出了“一控双达标”的环保工作思路，即要实施污染物排放总量控制，工业污染源排放污染物要达到国家或地方规定的标准；直辖市及省会城市、经济特区城市、沿海开放城市和重点旅游城市的环境空气、地面水环境质量，按功能分区分别达到国家规定的有关标准。在国内生产总值年均增长8.3%的情况下，“九五”减排目标基本完成。但这一时期我国的环境形势已经发生了重大转变，环境污染随经济发展同步高速增长，不仅使环境状况在20世纪90年代全面恶化，而且积累下来大量的环境问题。“十五”期间，虽然制定了二氧化硫、尘（烟尘和工业粉尘）、化学需氧量、氨氮、工业固体废物排放量减少10%～20%的目标，但五项总量控制指标并未完成，基本上是“有总量无控制”，目标“基本落空”。

1.2.2 由点源治理向区域、流域综合治理转变

强化工业污染防治管控。1996年国务院发布的《国务院关于环境保护若干问题的决定》加大了环境管理力度，在控制环境污染中，把工业污染防治作为重点，尤其是加强对乡镇企业的环境管理，规定在1996年9月30日以前，对年产5 000 t以下的造纸厂、年产折牛皮3万张以下的制革厂、年产500 t以下的染料厂，以及采用“坑式”和“萍乡式”“天地罐”和“敞开式”等落后方式炼焦、炼硫的企业责令取缔；对土法炼砷、炼汞、炼铅锌、炼油、选金和农药、漂染、电镀以及生产石棉制品、放射性制品等企业，责令关闭或停产。根据《国务院关于环境保护若干问题的决定》的要求和部署，“九五”期间，国家关闭了8万多家严重浪费资源、污染环境的小企业，防止不符合产业政策的小企业对环境的污染和破坏，

对保护资源起到了重大的作用。同时，还把 20 世纪 70 年代末以来逐步推行的污染限期治理制度化，将超标排放污染物的排污单位责令限期治理。限期治理的期限可视不同情况定为 1～3 年，对逾期未完成治理任务的，由县级以上人民政府依法责令其关闭、停业或转产。

启动流域水污染防治。1994 年淮河再次爆发污染事故，部分流域的水污染已经从局部河段向全流域蔓延，重大污染事件集中爆发，标志着我国因历史上污染累积带来的环境事故已进入高发期。1994 年 6 月，由国家环保局、水利部和河南、安徽、江苏、山东沿淮四省共同颁布《关于淮河流域防止河道突发性污染事故的决定（试行）》。这是我国大江大河水污染预防的第一个规章制度。1995 年 8 月，国务院签发了我国历史上第一部流域性法规——《淮河流域水污染防治暂行条例》，明确了淮河流域水污染防治目标："1997 年实现全流域工业污染源达标排放；2000 年淮河流域各主要河段、湖泊、水库的水质达到淮河流域水污染防治规划的要求，实现淮河水体变清。"仅 1996 年一年，全流域 4 000 多家"十五小"企业被关闭。

专栏 1-8 《淮河流域水污染防治暂行条例》发布实施

1989 年 2 月，淮河流域发生第一次重大污染事故，100 万人饮用水发生危机；1994 年 7 月，淮河下游又发生特大污染事故，安徽、江苏 150 万人饮水困难。两次污染事故，促使国务院下决心来治理淮河污染，提出“一定要在 20 世纪内让淮河水变清”的目标，并提出了相应的保障措施：第一，由原国家环保局和水利部牵头组成淮河水质保护机构，协调和部署对淮河污染进行综合整治；第二，建立和健全淮河水质污染监测网，对各个断面的排污实行目标控制和总量控制；第三，在 3 年内关、停、并、转一批淮河沿岸污染严重、治理难度大的企业；第四，2000 年前，流域内所有市、县都必须因地制宜修建污水集中处理设施；第五，制定淮河流域污染防治的有关法律和法规，尽快把淮河流域的污染防治纳入法制轨道。1995 年 8 月，国务院签发了《淮河流域水污染防治暂行条例》（以下简称《条例》）。作为我国第一部流域性的污染防治法规，也是第一部比较完整、具有一定操作性的流域法规，《条例》的出台，有着其不可估量的意义。

首先，在我国，水污染防治的管理在国家级是以环保部门为主，水利、农业等专业部门参与的一种条条管理的关系。在地区或流域一级，由于缺乏法律依据，没有形成体系，因此，在国家级以下，基本上是以各省的行政区划为疆界来实施统一管理。而《条例》的颁布，第一次率先打破了这种行政区划为主的管理体系，初步奠定了流域水污染防治统一规划和统一管理的基础。

其次，《条例》规定的流域水资源保护领导小组，第一次打破部门条条管理的约束，使环保、水利、轻工、农业、化工和财政等部门在同一目标的前提下，走到了一起，共商淮河流域水污染防治工作大计，越过部门偏见，联合治理淮河。

最后，《条例》第一次为一个流域的水污染防治提出了整体治理的目标和手段，开创了全国流域水污染综合治理的先河。而且，这个流域在经济上属于欠发达，人口属于较稠密，水资源很短缺，水系各方面特征也比较复杂。因此，其治理的成果不但在中国是一个典范，在全球范围内，也具有十分重要的指导意义。

针对流域性污染实施分期综合治理。1996 年，中国跨世纪绿色工程规划作为《国家环境保护“九五”计划和 2010 年远景目标》的一个重要组成部分，按照突出重点、技术经济可行和发挥综合效益的基本原则，提出对流域性水污染、区域性大气污染实施分期综合治理。到2010年共实施项目1 591个，投入资金1 880亿元。先后确定了“九五”期间全国污染防治的重点地区，简称“33211”工程，即“三河”（淮河、辽河、海河）、“三湖”（太湖、滇池、巢湖）、“两控区”（二氧化硫控制区和酸雨控制区）、“一市”（北京市）、“一海”（渤海），重点集中力量解决危及人民生活、危害身体健康、严重影响景观、制约经济社会发展的环境问题。“十五”期间还加强了三峡库区和南水北调工程沿线的水污染治理，启动了长江上游、黄河中游和松花江流域的水污染综合治理，并将113个大气污染防治重点城市也确定为全国污染防治工作的重点。

专栏 1-9　推动重点流域和“两控区”治理

推进“三河”“三湖”重点流域水污染防治。“三河”“三湖”流域面积达81万km^2，跨越全国14个省（市），居住人口3.6亿。国家制订并实施重点流域“九五”“十五”（2001—2005年）水污染防治计划，实行污染物总量控制制度，将总量削减指标落实到排污单位，逐步完善排污许可证管理方式，并建设了一批重点治理工程项目。根据国务院新闻办公室2006年发布的数据，截至2005年年底，列入重点流域水污染防治“十五”计划的2 130个项目中，完成1 378项，占项目总数的65%。

推进“两控区”污染防治。1998年我国政府批准划定了酸雨控制区和二氧化硫控制区，涉及27个省、自治区、直辖市的175个城市、地区，总面积约为109万km^2。国家在“两控区”内进行能源结构调整，推广清洁燃料和低硫煤，大中城市禁止民用炉灶燃用散煤。与1998年相比，2005年二氧化硫控制区内二氧化硫年均浓度达标城市比例，由32.8%增加到45.2%；2005年酸雨控制区内二氧化硫年均浓度超过国家三级标准的城市比例，由15.7%下降到4.5%。

启动重点城市环境治理。围绕环境保护的重点城市，启动了大规模城市环境综合整治，相继评选出多个“环境保护模范城市”。这一时期，城市环境综合整治和城市环境综合整治定量考核开始实施，初步建立了以环境保护目标责任制、城市环境综合整治定量考核、创建环境保护模范城市为主要内容的一套具有中国特色的城市环境管理模式。工业污染防治与城市基础设施建设有机结合起来，由单纯污染治理向调整产业结构和城市布局转变。特别是在大的区域范围内，对污染严重的企业推行“关、停、禁、改、转”的工作方针，实施“退二进三”计划，工业企业逐步迁往主城区周边的工业园区，既消除了城区的主要污染源，又为引进效率更高的第三产业创造了条件，大大促进了城市的可持续发展。同时，大部分城市实施燃煤锅炉改造、推广清洁能源的使用、建立高污染燃料禁燃区，并开始规模建设城市污水治理设施、大气污染治理设施，大大改善了城市环境质量。

1.2.3 由末端治理向源头治理与保护生态转变

实施清洁生产。20 世纪 90 年代之前，我国的污染治理基本是以末端治理为主，90 年代末，开始关注污染源头治理，其标志性行动是推行清洁生产和发展循环经济。1997 年国家环保局发布了《关于推行清洁生产的若干意见》，要求各地环保主管部门将清洁生产纳入已有的环境管理政策中。1999 年开始在工业集中地区、经济开发区积极推动生态工业园区试点，2000 年以来，循环经济在江苏、山东、广西等省（自治区）和冶金、化工、食品等行业率先发展。2002 年 6 月，第九届全国人大常委会第二十八次会议通过《清洁生产促进法》，标志着清洁生产和污染全过程控制进入新的法制化和规范化管理轨道。2003 年 12 月 17 日，《国务院办公厅转发发展改革委等部门关于加快推行清洁生产意见的通知》（国办发〔2003〕100号）要求各级政府及国务院各部委和直属机构认真贯彻执行《关于加快推行清洁生产的意见》。此外，运用环保规划、ISO 14000环境管理体系认证以及强化完善环境影响评价等手段实现源头治理、决策管理的全过程控制。

专栏 1-10 《清洁生产促进法》实施

2002年6月29日，第九届全国人大常委会第28次会议通过了《中华人民共和国清洁生产促进法》（以下简称《清洁生产促进法》）。该法于2003年1月1日正式实施。这是一部旨在动员各级政府、有关部门、生产和服务性企业推行和实施清洁生产的专项法律。它的制定标志着我国可持续发展事业的历史性进步，对促进我国经济、社会的进一步发展产生积极影响。《清洁生产促进法》具有四个特点：

一是在立法名称上，体现促进实施清洁生产的立法宗旨，使该法既不同于单纯的政策法，也不同于单纯的行政管理法，而是兼具了政策法与行政管理法的双重性质，是对清洁生产的政策性法律规制和管理性法律规制的结合。

二是在立法内容上，以促进实施清洁生产的鼓励性、促进性、倡导性法律规范为主。基于引导、鼓励和支持企业清洁生产行为的立法思考，该法以引导、鼓励和支持性的法律规范为主要内容，而不以直接行政控制和制裁性法律规范为主要内容，强化了政府在清洁生产中的行政推动作用，淡化了政府的行政强制色彩。

三是在法律的调整范围上，该法包含了全部生产和服务领域。一方面通过立法扩大了清洁生产的范围，使之由传统的工业生产领域延伸到全部的生产和服务领域；另一方面又将重点放在有关工业生产领域清洁生产的推行、实施的具体规定上，对除工业生产领域以外的其他领域清洁生产的实施只作了原则性规定。

四是在法律责任问题上，规定只有当企业违反了法定强制性清洁生产要求时，才要求其承担相应的法律责任。可见，强制性清洁生产要求是一种法定义务，相应法律责任的规定则是对违反清洁生产法定义务行为的否定性法律评价。指导性要求不附带法律责任，自愿性规定还可以依法得到奖励和享受优惠政策。在整部《清洁生产促进法》中，关于清洁生产的强制性规范甚少，取而代之的是大量指导性要求和自愿性要求，这充分体现了“促进法”的特点。

加强生态系统管理提上日程。1996年7月国务院召开的第四次全国环境保护会议提出“环境保护工作要坚持防治污染和保护生态并重的方针”，实施《污染物排放总量控制计划》和《跨世纪绿色工程规划》两大举措，生态保护进入了新的发展阶段。1998年11月，国务院印发《全国生态环境建设规划》，启动了一系列生态保护重大工程。1999年开展退耕还林、还草工程试点，优先在生态敏感、生态安全地位重要的区域开展退耕还林。2000年国家投资千亿元的天然林保护工程全面启动，重点保护长江上游、黄河中上游和东北天然林资源。2000年12月，国务院办公厅印发《全国生态环境保护纲要》。2002年3月，国家环境保护总局印发国务院批复的《全国生态环境保护“十五”计划》。2003年5月国家环境保护总局发布《生态县、生态市、生态省建设指标（试行）》，进一步深化生态示范区建设。2005年8月，青海三江源自然保护区生态保护和建设工程在青海西宁正式启动。

专栏 1-11 第四次全国环境保护会议提出环境保护工作要坚持防治污染和生态保护并举的方针

1996 年 7 月 15—17 日第四次全国环境保护会议在北京召开，会议提出了保护环境的实质就是保护生产力，要坚持污染防治和生态保护并举，全面推进环保工作。

会议提出，自然资源和生态保护要坚持开发利用与保护增殖并举，依法保护和合理开发土地、淡水、森林、草原、矿产和海洋资源，坚持不懈地开展造林绿化，加强水土保持工程建设；搞好防风治沙试验示范区、“三化”草地的治理和重点牧区建设。要大力建设农业系统各类保护区，积极防治农药和化肥污染，加快自然保护区建设和湿地保护，到“九五”末期，全国自然保护区面积力争达到国土面积的 10%；加强生物多样性保护，做好珍稀濒危物种的保护和管理。积极开展生态示范区建设，搞好退化生态区域的恢复。

1.2.4 强化环境执法与治理投入

严肃查处环境违法行为。1997 年 3 月 14 日，第八届全国人大第五次会议通过了修订的《中华人民共和国刑法》，以专节的形式增设了破坏环境资源罪，其中重大环境污染事故罪被作为重要罪名首次确定下来。新罪名的确立，对遏制愈演愈烈的环境污染状况、统一和完善惩治污染环境犯罪的立法体制、加速我国刑法与国际刑法的接轨、共同保护人类环境都具有重要的现实意义。2001 年 5 月 23 日经国务院批准，国家环保总局、国家经贸委、监察部、国家林业局联合召开电视电话会，部署全国严肃查处环境违法行为专项行动。随后，国家环境保护总局派出督察组，分赴陕西、河南、河北、江苏、山东、安徽等省，以明察暗访的形式进行督察。24 个省、自治区、直辖市成立了专门领导小组，22 个省、自治区、直辖市政府制订了具体的实施方案。截至 2001 年 7 月 22 日，各级环保部门共出动 105 205 人次，检查了 49 337 个企业，立案查处 8 801 家，查处结案 1 646 家，配合各级纪检监察机关处理有关地方政府、部门和企业责任人 75 人，其中政府工作人员 35 人。2003 年 7 月，国家环境保护总局又印发了《关于加强环境保护重点案件的督办和移送工作的通知》。

加大落后产能淘汰力度。2001—2004 年，国家连续三次发布淘汰落后生产能力、工艺和产品目录，淘汰了 3 万多家浪费资源、污染严重的企业，并对资源消耗大、环境污染重的钢铁、水泥、电解铝、铁合金、电石、炼焦、皂素、铬盐等 8 个重污染行业进行集中整顿，停建、缓建项目1 900多个。2005年，关停污染严重、不符合产业政策的钢铁、水泥、铁合金、炼焦、造纸、纺织印染等企业2 600多家，并对水泥、电力、钢铁、造纸、化工等重污染行业积极开展综合治理和技术改造，使这些行业在产量逐年增加的情况下，主要污染物排放强度呈持续下降趋势。

强化突发环境事件防控。1994年9月，国家环境保护局成立重大环境污染与自然生态破坏事故应急处理工作领导小组，负责对全国重大环境污染与生态破坏事故做出应急响应，指导、协助地方做好事故的处理工作。2002年3月，国家环境保护总局开始组建国家环境保护总局环境应急与事故调查中心。面对日益增多的突发环境事件，国家制定和完善了一系列涉及重点流域敏感水域水环境、大气环境、危险化学品（废弃化学品）应急预案和核与辐射应急方案（2001年）等9个相关环境应急预案，国家环境保护总局印发《国家环境保护总局核事故与辐射事故应急响应方案》《处置化学恐怖袭击事件应急预案》（2002年）、《处置核与辐射恐怖袭击事件应急预案》（2002年）、《黄河流域敏感河段水环境应急预案》（2003年）、《农业重大有害生物及外来生物入侵突发事件应急预案》（2004年）、《农业环境污染突发事件应急预案》（2005年）等突发环境事件应急预案。2005 年我国政府制定的《国家突发环境事件应急预案》对突发环境事件信息接收、报告、处理、统计分析，以及预警信息监控、信息发布等提出明确要求。针对松花江污染事故，2005 年 12 月，国家环境保护总局发出紧急通知，在全国范围内开展环境安全大检查，对重要江河干流及其主要支流沿线的大中型企业，特别是城镇集中式饮用水水源地上游和城乡居民集中居住区周围的大中型化工企业开展重点检查。

环保投入逐年增加。面对严峻的环境形势，国家加大了环境治理力度，强化了环保部门统一监督管理职能，环境保护的领域与职能不断扩展。与此同时，环境保护投入也迅速增加。“九五”期间的环保投资是“八五”期间的 2.7 倍，达到 3 516.4 亿元。1999 年环保投入占 GDP 比例首次突破 1.0%。“十五”期间环境保护投资为 8 399.1 亿元，占同期 GDP 的 1.31%，按照经济普查调整后的全国 GDP 数据，“十五”期间环保投资占同期 GDP 的 1.19%。环保投资的增长，加快了城市环境基础设施的建设，提高了城市污水和垃圾处理率。由于环保投资历史欠账多、资金需求大，我国近 30 年来环保领域的投资无论从数量上还是从现实效果来看，仍然处于比较低的水平。

1.3 实施综合调控、提升治理效果（2006—2011年）

2006年4月国务院召开的第六次全国环保大会提出了“三个转变”的战略思想：从重经济增长轻环境保护转变为保护环境与经济增长并重；从环境保护滞后于经济发展转变为环境保护和经济发展同步；从主要用行政办法保护环境转变为综合运用法律、经济、技术和必要的行政办法解决环境问题。这标志着我国环境保护多种政策综合调控开始受到重视。

专栏1-12 第六次环保大会强调打好多种政策组合拳

2006年4月17—18日第六次全国环保大会在北京召开，国务院总理温家宝发表重要讲话《全面落实科学发展观 加快建设环境友好型社会》，讲话指出做好新形势下的环保工作，要加快实现三个转变：一是从重经济增长轻环境保护转变为保护环境与经济增长并重，在保护环境中求发展。二是从环境保护滞后于经济发展转变为环境保护和经济发展同步，努力做到不欠新账，多还旧账，改变先污染后治理、边治理边破坏的状况。三是从主要用行政办法保护环境转变为综合运用法律、经济、技术和必要的行政办法解决环境问题，自觉遵循经济规律和自然规律，提高环境保护工作水平。会上提出八项措施：①落实环境保护责任制，建立环境保护目标管理责任制，并将环保目标纳入经济社会发展评价范围和干部政绩考核。②实行污染物排放总量控制制度，全面推行排污许可证制度，加强重点排污企业在线监控，禁止无证或违章排污。③加强对建设项目的环境影响评价，建立规划环评专家审查机制，从决策源头上防止环境污染和生态破坏。④制定区域开发和保护政策，根据不同地区的资源环境承载能力，把国土空间划分为优化开发、重点开发、限制开发和禁止开发四类主体功能区域。⑤加大环境执法力度，加强环境立法，健全和完善环境法律体系。建立完备的环境执法监督体系。⑥用改革的办法解决环境问题，发挥价格杠杆的作用，建立能够反映污染治理成本的排污价格和收费机制，全面实施城镇污水处理和生活垃圾处理的收费政策。⑦进一步增加环保投入，把环境保护投入作为公共财政支出的重点，各级财政都要调整支出结构，加大对环境保护的支持，保证环保投入增长幅度高于经济增长速度。⑧不断加强环保监管能力建设，建立先进的环境监测预警体系。

专栏 1-13　建立和完善环境保护的长效机制

2006 年 2 月 15 日，国务院发布了《关于落实科学发展观　加强环境保护的决定》，提出建立和完善环境保护的长效机制：①健全环境法规和标准体系，抓紧拟订有关土壤污染防治、化学物质污染防治、生态保护、遗传资源、生物安全、臭氧层保护、核安全、循环经济、环境损害赔偿和环境监测等方面的法律法规草案，配合做好《中华人民共和国环境保护法》的修改工作。②严格执行环境法律法规，强化依法行政意识，加大环境执法力度，对不执行环境影响评价、违反建设项目环境保护设施“三同时”制度（同时设计、同时施工、同时投产使用）、不正常运转治理设施、超标排污、不遵守排污许可证规定、造成重大环境污染事故、在自然保护区内违法开发建设和开展旅游或者违规采矿造成生态破坏等违法行为，予以重点查处。加大对各类工业开发区的环境监管力度，加强部门协调，完善联合执法机制。③完善环境管理体制，建立健全国家监察、地方监管、单位负责的环境监管体制，建立企业环境监督员制度。④加强环境监管制度，实施污染物总量控制制度，推行排污许可证制度，强化限期治理制度。⑤完善环境保护投入机制，加大对污染防治、生态保护、环保试点示范和环保监管能力建设的资金投入，引导社会资金参与城乡环境保护基础设施和有关工作的投入，完善政府、企业、社会多元化环保投融资机制。⑥推行有利于环境保护的经济政策，建立健全有利于环境保护的价格、税收、信贷、贸易、土地和政府采购等政策体系，要完善生态补偿政策，尽快建立生态补偿机制。⑦运用市场机制推进污染治理，全面实施城市污水、生活垃圾处理收费制度，鼓励社会资本参与污水、垃圾处理等基础设施的建设和运营。

1.3.1 加快推进环境保护法制建设

加快推进制（修）订环境保护相关法律。2008 年 6 月正式施行新修订的《中华人民共和国水污染防治法》，把严格环境准入、淘汰落后产能、全面防治污染、强化综合手段、鼓励公众参与都上升为法律意志，并加大了对水污染违法行为的处罚力度，增强了对违法行为的震慑力。同年，我国正式通过《循环经济促进法》，自 2009 年 1 月 1 日起实施，旨在促进循环经济发展，提高资源利用效率，保护和改善环境，实现可持续发展。2009 年《侵权责任法》颁布，其第八章明确规定环境污染纠纷的举证责任、责任分配、第三人追偿等内容，此外，在《物权法》和其他有关法律中，特别规定了有关环境保护的内容。2011 年年初，环境保护部接受全国人大环资委的委托起草了《环境保护法》（修正）建议稿；2012 年 8 月，十一届全国人大常委会对《环境保护法》部分条文的修正案草案进行了初审；同年《大气污染防治法》（修订草案）提请国务院审议。

完善环境行政法规。2007 年 10 月 9 日颁布实施《全国污染源普查条例》，这是我国第一次组织实施全国污染源普查工作，从而掌握各类污染源的数量、行业和地区分布情况，为制定经济社会发展和环境保护政策、规划提供依据。《废弃电器电子产品回收处理管理条例》《消耗臭氧层物质管理条例》《民用核安全设备监督管理条例》《放射性物品运输安全管理条例》《防治海岸工程建设项目污染损害海洋环境管理条例》等环保行政法规先后出台，进一步完善了相关环保行政法规。

推动实施战略规划环评。2009 年 8 月 12 日国务院第 76 次常务会议通过的《规划环境影响评价条例》（以下简称《条例》），自 2009 年 10 月 1 日起施行。标志着环境保护参与综合决策进入了新阶段，是我国环境立法的重大进展。《条例》要求将区域、流域、海域生态系统整体影响作为规划环评的着力点，有利于从决策源头防治生产布局、资源配置不合理造成的环境问题，是“预防为主”环境保护方针的重要抓手。

专栏 1-14　推进建立规划环评制度

早在 1998 年，我国颁布《建设项目环境保护管理条例》，明确了环评分类审批要求、行业主管部门责任，提出了与环评制度配套实施的“环保竣工验收”制度，极大地提高了环评制度的操作性，环评制度开始逐渐被企业认可并实施。

2002 年 10 月 28 日，第九届全国人民代表大会常务委员会第三十次会议通过的《环境影响评价法》，自 2003 年 9 月 1 日起实施。2003 年 8 月 1 日，国家环保总局出台的《规划环境影响评价技术导则（试行）》，提出了开展规划环境影响评价的一般原则、技术程序、方法、内容和要求，指导规划环境影响评价的实施，同年 10 月 16 日，国家环保总局出台了《专项规划环境影响报告书审查办法》。2003—2005 年，国家环保总局相继颁发了一系列技术导则和技术规范，从技术方法、实施程序和能力建设等方面支持和指导规范环评工作。这一系列文件的出台极大地提高了环评的社会地位和执行率，规划环评制度也逐渐成为重要的环境管理制度之一。

为了加强对规划的环境影响评价工作，提高规划的科学性，从源头预防环境污染和生态破坏，促进经济、社会和环境的全面协调可持续发展。2009 年 9 月 2 日，国务院第 76 次常务会议通过了《规划环境影响评价条例》，标志着环境保护参与综合决策进入了新阶段。同年 9 月 2 日，环境保护部出台《关于学习贯彻〈规划环境影响评价条例〉加强规划环境影响评价工作的通知》，切实加强区域、流域、海域规划环评，把区域、流域、海域生态系统的整体影响作为评价的着力点。

规划环评制度经历快速发展的同时，也出现执行率和措施落实率不高等问题。自 2010 年起，环境保护部开始启动环保系统事业单位环评机构体制改革，促使环评技术服务机构与行政主管部门脱钩，向专业化、规模化方向发展。2011 年 4 月 15 日，环境保护部出台《关于做好“十二五”时期规划环境影响评价工作的通知》（环发〔2011〕43 号），以提高规划环评有效性，不断完善规划环评的体制机制，努力构建较为完善的规划环评管理体系。

1.3.2 依靠科技提高环境监管

加强环境监测管理。环境监测体系是污染物总量减排的三大支撑体系之一。科学的减排指标体系必须依靠监测手段来度量，科学的减排考核体系必须依靠监测数据来支撑。2007 年 7 月 25 日，国家环境保护总局颁布的《环境监测管理办法》对环境监测属性、定位、管理、规范、处罚等进行全面梳理，为先进的环境监测预警体系建设提供了全方位的制度框架。并且增加 21 亿元支持污染减排三大体系建设，建成污染源监控中心 363 个，新增 36 个水质自动监测站，配备执法车 3 900 辆，形成国家、省、市、县四级信息传输系统和 3 个数据分析平台，基本改变了过去“废气靠闻、废水靠看、噪声靠听”的被动局面。环境监测水平偏低、仪器装备落后、基础能力薄弱的状况有所改观。2008 年 9 月，环境一号卫星 A 星、B 星发射成功。环境与灾害监测小卫星成功发射，国家卫星环境应用中心建设开始启动，标志着环境监测预警体系进入了从“平面”向“立体”发展的新阶段。

设立“211 环境保护”科目。2006 年财政预算首次设立“211 环境保护”科目，这是在财政预算账户里首次有了环保的户头，为以后深化环保财政改革打下了基础，促进了环保资金机制进一步完善。

专栏 1-15 财政预算账户确立 211 环保科目

2007 年之前，我国政府收支分类科目中并没有关于环境保护的“类级”专项支出，而只有与环境保护相关的“款”。自 2007 年 1 月 1 日起实施的《2007 年政府收支分类科目》，其中支出功能分类中新设立了 211 类“环境保护”，下设“环境保护管理事务、环境监测与监察、污染防治、自然生态保护、天然林保护、退耕还林、风沙荒漠治理、退牧还草、已垦草原退耕还草及其他环境保护支出”10 款，其中共包含 46 项。我国政府开始为环境保护工作设立了具有“类、款、项”三级的专项支出，我国环保财政制度基本建立起来。此后，财政部不断完善调整环保支出科目设置，到 2009 年，211 类“环境保护”支出下设的“款级”数量确定为 15 个。2011 年，211 类“环境保护”更名为 211 类“节能环保”，并在“09 款 已垦草原退耕还草”、“12 款 可再生能源”、“13 款 资源综合利用”、“99 款 其他节能环保支出”下均设立同名的项。

类	款	项
211	01 环境保护管理事务	01 行政运行
		02 一般行政管理事务
		03 机关服务
		04 环境保护宣传

类	款	项
211	01 环境保护管理事务	05 环境保护法规、规划及标准
		06 环境国际合作及履约
		07 环境保护行政许可
		99 其他环境保护管理事务支出
	02 环境监测与监察	03 建设项目环评审查与监督
		04 核与辐射安全监督
		99 其他环境监测与监察支出
	03 污染防治	01 大气
		02 水体
		03 噪声
		04 固体废弃物与化学品
		05 放射源和反射性废物监管
		06 辐射
		07 排污费安排的支出
		99 其他污染防治支出
	04 自然生态保护	01 生态保护
		02 农村环境保护
		03 自然保护区
		04 生物及物种资源保护
		99 其他自然生态保护支出
	05 天然林保护	01 森林保护
		02 社会保险补助
		03 政策性社会性支出补助
		06 天然林保护工程建设
		99 其他天然林保护支出

类	款	项
211	01 环境保护管理事务 02 环境监测与监察	02 退耕现金
		03 退耕还林粮食折现补贴
		04 退耕还林粮食费用补贴
		05 退耕还林工程建设
		99 其他退耕还林支出
	07 风沙荒漠治理	04 京津风沙源治理工程建设
		99 其他风沙荒漠治理支出
	03 污染防治	04 退牧还草工程建设
		99 其他退牧还草支出
	09 已垦草原退耕换草	01 已垦草原退耕还草
	10 能源节约利用	01 能源节约利用
	11 污染减排	01 环境监测与信息
		02 环境执法监察
		03 减排专项支出
		04 清洁生产专项支出
		99 其他污染减排支出
	12 可再生能源	01 可再生能源
	13 循环经济	01 循环经济
	14 能源管理事务	01 行政运行
		02 一般行政管理事务
		03 机关服务
		04 能源预测预警
		05 能源战略规划与实施
		06 能源科技装备

类	款	项
211	14 能源管理事务	07 能源行业管理
		08 能源管理
		09 石油储备发展管理
		10 能源调查
		11 信息化建设
		13 农村电网建设
		50 事业运行
		99 其他能源管理事务支出
	99 其他节能环保支出	01 其他节能环保支出

1.3.3 强化环境执法

党中央、国务院对环境执法工作高度重视，2007 年时任中共中央总书记胡锦涛专门对加强环境执法工作做出批示，强调要强化执法监管、严肃处理环境违法行为。时任国务院总理温家宝亲赴太湖考察，主持召开太湖、巢湖、滇池水污染防治工作座谈会，对湖泊环境整治做出具体部署。2011 年，全国共出动执法人员 270 余万次、检查企业 107 万余家（次）、查处环境违法问题 1 万余件、挂牌督办环境违法案件 2 016 件，其中取缔关闭铅蓄电池企业 744 家、停产治理企业 565 家。2006 年，国家环境保护总局和监察部发布的《环境保护违法违纪行为处分暂行规定》，强化国家各级行政机关和相关企业的环境责任，极大地震慑了环境保护违法违纪者。《中华人民共和国水污染防治法》从提高罚款额度、创设处罚方式、扩大处罚对象、增加应受处罚的行为种类、调整处罚权限、增加强制执行权等 10 个方面，加大了对水污染违法行为的处罚力度，增强了对违法行为的震慑力。针对私设暗管行为的处罚、违法企业直接责任者个人收入的经济处罚、限期治理、强制拆除等法律责任的规定，成为《中华人民共和国水污染防治法》修订后的突出亮点。2007 年 5 月国家环境保护总局与公安部、最高人民检察院联合制定的《关于环境保护行政主管部门移送涉嫌环境犯罪案件的若干规定》，对环境违法情况移送公安机关、人民检察院做出了明确规定。由于环境行政执法和刑事司法之间衔接不畅、行政权和司法权的场域界限不明晰、部门保护主义和地方保护主义作怪，环境刑事司法案件数量远低于环境行政违法案件数量，环境行政执法和刑事司法脱节严重。

1.3.4 全面推进环境经济政策体系建设

国家高度重视环境经济政策在环境治理中的重要推动作用。中国共产党十七大报告、《国务院 2007 年工作要点》（国发〔2007〕8

号）和《节能减排综合性工作方案》（国发〔2007〕15 号）等党中央和国务院重要文件，都明确提出要制定有利于环境保护的财政、税收等政策，充分利用经济手段保护环境，为制定和实施环境保护经济政策明确了方向。各部门都在积极参与制定环境经济政策，环保投融资、环境金融、环境税费、生态补偿、排污权交易等环境经济政策取得了积极进展，尽管各政策进展不一，但从整体上来看，这些环境经济政策已经覆盖社会经济活动全链条，不同的政策单独或者共同调整着开采、生产、流通或消费环节的社会经济行为，形成了较为系统协调的环境经济政策体系。

实行“绿色信贷”政策。为遏制高耗能、高污染产业以及“双高”产品的盲目扩张，国家环境保护总局、人民银行、银监会三部门于 2007 年 7 月 30 日联合出台了《关于落实环境保护政策法规　防范信贷风险的意见》，这一“绿色信贷”政策的出台，表明推行环境经济政策将是环境保护工作积极落实科学发展观的具体实践。2010 年 5 月 21 日，中国银行颁布实施《支持节能减排信贷指引》，明确中国银行信贷资源要向节能减排效应显著的地区和企业倾斜，严格控制“两高”行业中不符合国家节能减排政策要求的企业新增信贷，通过信贷手段加快落后产能退出。并将与节能减排、“高耗能、高污染”、落后产能相关的信贷划分为“重点支持”“允许”“禁止”三个类别，信贷资源主要投向重点支持类，不得投向禁止类。2011年3月，中国交通银行发布《2011年度交通银行“绿色信贷”政策指引》，将绿色一类客户标识细分为12个细分领域，并将企业环保信息、产品质量安全及生产安全状况纳入信贷全流程管理，实行“一票否决制”。银行业绿色信贷开始呈现向精细化和约束性方向发展趋势。同年6月，环境保护部、中钢协和银监会联合出台了《中国钢铁行业绿色信贷指南》，这是首次由中国政府发布制定的考虑行业特征的绿色信贷政策文件。地方上也积极通过实施绿色信贷促进节能减排，绿色信贷额度有较大增加。截至2011年5月末，上海市绿色信贷表内外授信业务投放量达572.32亿元，较年初增加37.07亿元，同比多增19.84亿元，增长16.91%。2011年前三季度，河北省银行业金融机构累积发放节能减排贷款462笔，共计300.53亿元。2011年8月底，江苏银行常州分行已经向28家企业发放共计5 800万元“科技之星”贷款。

实行“绿色保险”政策。2007年12月，国家环境保护总局和中国保监会联合发布了《关于环境污染责任保险的指导意见》，正式确立建立环境污染责任保险制度的路线图。这一“绿色保险”是继“绿色信贷”后推出的第 2 项环境经济政策。到 2009 年，湖南、湖北、江苏、辽宁、上海、重庆、云南、浙江、广东 9 个省（直辖市）已在全省或部分地区开展环境责任险试点，并发生了环境险案例，河北省、沈阳市在地方环保立法中写入了环境污染责任保险条款。2011 年年底，已有江苏、湖南、湖北、河南、河北（保定）、重庆、福建、广西、广东（深圳）、四川、山西、浙江（宁波）、云南、辽宁（沈阳）等省市启动了环境污染责任保险试点，总体来看，在高环境风险领域推行环境污染责任险是地方试点发展的趋势。江苏省无锡市在 2 月初开始试点环境污染责任强制保险，至 2011 年年底，江苏省无锡市参保企业已达 688 家，缴纳保费 1 424.16 万元，责任限额 7.63 亿元。河北保定、广东深圳等地将企业投保环境污染责任险政策与优先考虑信贷发放、环保评优评先等激励政策结合起来开展了一些尝试。

实行“绿色证券”政策。2008 年 1 月 9 日，中国证券监督管理委员会发布的《关于重污染行业生产经营公司 IPO 申请申报文件的通知》（监管函〔2008〕6 号），要求重污染行业生产经营公司首次公开发行股票的，申请文件中应当提供国家环境保护总局的核查意见。同年 2 月 22 日，国家环境保护总局正式发布的《关于加强上市公司环境监管工作的指导意见》规定，重污染行业生产经营公司申请首次公开发行股票的，申请文件中应当提供国家环境保护总局的核查意见。相较于“绿色信贷”“绿色保险”，“绿色证券”发展相对较慢，绿色金融债券与普通的债券相比，核心在于通过政府引导和市场化约束相结合的方式，形成既有政策引导和激励，又有社会声誉和市场约束的绿色金融发展新机制，将有效激发商业银行加大绿色发展意愿和能力。

出台“双高”产品名录。2007 年 6 月 1 日，国家环境保护总局将《环保总局办公厅关于提供部分高污染、高环境风险产品名录及相关政策建议的函》，提交给国家发展改革委、财政部、商务部、人民银行、海关总署、税务总局、工商总局、质检总局、安全监管总局、银监会、保监会等经济部门，并建议调整名录中各种产品的出口退税率，把其中部分产品补充列入《2007 年加工贸易禁止类商品目录》。财政部、税务总局采纳了建议，将名录中的产品列入 2007 年 7 月 1 日起“取消出口退税商品清单”中。此后，每年发布“双高”产品名录，提供给相关经济部门，同时对社会公布，成为有关部门制定相关政策的重要依据。2011 年 3 月 27 日，国家发展改革委发布的《产业结构调整指导目录（2010 年）》将 “双高”产品名录作为修订的重要依据，采纳 114 种“双高”产品为《产业结构调整指导目录（2011

年）》的限制类和淘汰类产品，其中，农药和化学制药行业“双高”产品，90%以上被该目录所采纳；同年10月14日，环境保护部编制完成《环境经济政策配套综合名录（2011年版）》（环办函〔2011〕1234号），并以函的形式提供给国家发展改革委、工信部、财政部、商务部等经济部门，以及地方环保部门，供制定和调整有关政策参考。由环境保护部主导制定的环保综合名录，作为环保部门参与有关经济部门决策的一种方式，在推进行业结构调整与升级转型等方面已发挥了一定作用。经环境保护部建议，财政部、税务总局等相关部门取消了200余种高污染、高环境风险产品的出口退税，并禁止了加工贸易；名录成果还纳入了《产业结构调整指导目录（2011 年）》《外商投资产业指导目录》《部分工业行业淘汰落后生产工艺装备和产品指导目录（2010 年）》《农药产业政策》，以及国家信贷调控政策和国家安全监管的范围，顺利进入了国家转变经济增长方式和调整产业结构的主流政策轨道，并初步形成固化机制与工作平台，极大增加了环保政策参与国家主流政策轨道的深度和广度。

开展排污权有偿使用和交易试点。2007年1月30日，广东省环保局和香港特区政府环境保护署公布了《珠江三角洲火力发电厂排污交易试验计划》实施方案，标志着酝酿多年的粤港两地二氧化硫排污权交易进入了快车道。2007 年 4 月 29 日，湖北省完成首例省内二氧化硫排污权交易。2009 年 8 月 16 日，昆明环境能源交易所正式挂牌成立，建立了中国西南地区首个新能源技术、排污权交易平台，即日起昆明各有关企业的排污权可实现上市交易，交易可采取挂牌交易或竞价交易等方式进行。浙江省嘉兴市试点工作一直走在全国地方试点前列，截至 2010 年上半年，该市共有 1 173 个建设项目参与了排污权有偿使用和交易，累计交易金额达 1.98 亿元。至 2011 年年底，已有江苏、浙江、天津、湖北、湖南、山西、内蒙古、河南、重庆、陕西 10 省区市被批准为排污权交易政策国家试点地区。各试点地区排污权有偿使用及交易政策试点正在稳步推进，相继成立环境资源交易机构，建立交易市场，并制定了排污权交易管理办法，使排污权交易走向制度化、规范化。

建立健全生态补偿机制。2008 年，财政部出台《国家重点生态功能区转移支付（试点）办法》，通过提高转移支付补助系数和完善考核标准等方式，加大对青海三江源保护区、南水北调中线水源地等国家重点生态功能区的转移支付力度，提高转移支付资金使用效果。2009 年 6 月，西藏落实了草原生态补偿资金 2 亿元，拟在 5 个县开展生态补偿试点工作。西藏由此成为全国第一个实施草原生态补偿试点的省份。在流域生态补偿方面，江苏、湖北、河北、河南、福建、浙江、辽宁、贵州、山西、山东等地均出台了行政辖区跨界断面水质目标考核奖惩办法或流域生态补偿办法等相关政策文件，把流域上下游交界断面行政责任目标考核与生态补偿和污染赔偿结合起来，探索流域上下游共建共享长效新机制，这些省内的地级市，甚至市县也纷纷出台了相应的办法，积极开展试点实践。2011 年 3 月，经财政部和环境保护部批准，新安江跨省流域水环境生态补偿试点正式实施，这是我国首例跨省流域水环境补偿试点。同年 12 月，我国第二例跨省流域生态补偿，即陕西、甘肃两省联合实施的渭河流域省际生态补偿开始试点，这也是我国地方政府结合流域综合治理需求自发开展的首例跨省流域生态补偿试点。2010 年 10 月 12 日，时任国务院总理温家宝主持召开国务院常务会议，决定从 2011 年起中央财政每年安排 134 亿元在内蒙古、新疆、西藏等 8 个主要草原牧区省（区）全面建立草原生态保护补助奖励机制。2011 年 3 月，山东威海市、江苏省连云港市和广东省深圳市被确定为全国海洋生态补偿试点市，试点时间从 2011 年至 2012 年，为在全国全面建立海洋生态补偿机制提供方法、技术和实践经验。

1.3.5 不断健全公众参与机制

公开环境信息是公众有效参与环保的前提和基础，也是一项重要的环境管理制度。《环境保护法》（1989 年）第 6 条规定了“一切单位和个人都有保护环境的义务，并有权对污染和破坏环境的单位和个人进行检举和控告”。这为公众参与环境保护提供了原则性的法律依据。为了促进我国公众参与环保工作，2006 年 10 月，国家环境保护总局发布的《环境保护政务信息工作办法》，规范环保部门和企业环境信息公开工作。2007 年 4 月国家环境保护总局发布了《环境信息公开办法（试行）》，这是第一部有关环境信息公开的综合性部门规章，也是继《环境影响评价公众参与暂行办法》之后，在公众参与环境保护方面的又一重要举措。《环境信息公开办法（试行）》要求各级环保部门公开环保法律法规、政策、标准、行政许可与行政审批等 17 类政府环境信息；强制超标、超总量排污的企业公开四大类环境信息。2008 年 4 月，环境保护部发布《环境保护部信息公开目录》（第一批）和《环境保护部信息公开指南》。这些文件对强化环境信息公开的责任、具体明确环境信息公开的范围、畅通环境信息公开的渠道、完善环境信息公开工作的监督和保障机制都发挥了建设性作用。

专栏 1-16　大力推进环境信息公开制度建设

早在 2003 年，国家环境保护总局发布了《环境保护行政主管部门政务公开管理办法》和《关于企业环境信息公开的公告》，我国环境信息公开制度开始逐渐建立。2007 年，《政府信息公开条例》和《环境信息公开办法（试行）》出台，进一步规范我国环境信息公开制度，此后环境保护主管部门陆续出台了《污染源环境监管信息公开目录》《国家重点监控企业自行监测及信息公开办法》《企业事业单位环境信息公开办法》等，进一步规范政府和企业的环境信息公开工作。随着 2015 年的《环境保护公众参与办法（草案）》、2018 年的《环境影响评价公众参与办法》及配套办法陆续出台，环境保护工作参与制度的法制化、规范化程度不断提高。各地方政府相继提出建立统一的信息公开平台。但是，我国环境信息公开还存在一些问题：企业排污信息公开执行乏力，企业环境信息“强制公开”与“资源公开”并存；环境信息公开的供需不平衡，政府或企业主要依靠内部视角提供环境信息；环境信息平台服务功能有待优化，环境信息公开平台有待整合。

1.4 推进系统改革、完善政策体系（2012年至今）

党的十八大将把生态文明建设放在突出地位，生态环境保护成为生态文明建设的主阵地和主力军，围绕全面建成小康社会目标改善环境质量成为公众的迫切需求，环境质量管理已经成为环境保护工作的核心，环境政策系统性改革进入“深水区”。逐渐形成了深化生态文明体制改革、实施最严格环境保护制度、完善环境保护市场机制、构建以政府、市场与社会共治为核心的多元环境治理体系为基本框架的环境政策体系。

1.4.1 加强生态文明顶层设计

生态文明纳入“五位一体”总体布局。党的十八大以来，党中央、国务院把生态文明建设摆在更加重要的战略位置，纳入“五位一体”总体布局，做出一系列重大决策部署。党的十八大通过了《中国共产党章程（修正案）》，把“中国共产党领导人民建设社会主义生态文明”写入党章。生态文明建设纳入一个政党特别是执政党的行动纲领，这在全世界是第一个。2013年，党的十八届三中全会审议通过的《中共中央关于全面深化改革若干重大问题的决定》提出，建设生态文明，必须建立系统完整的生态文明制度体系，实行最严格的源头保护制度、损害赔偿制度、责任追究制度，完善环境治理和生态修复制度，用制度保护生态环境。十八届四中全会要求用严格的法律制度保护生态环境。

绿色发展成为生态文明建设重要内容。2015年4月，我国首次以中共中央、国务院名义印发《关于加快推进生态文明建设的意见》，这是继党的十八大和十八届三中、四中全会对生态文明建设做出顶层设计后，中央对生态文明建设的一次全面部署，并首次提出“绿色化”概念，并将其与新型工业化、城镇化、信息化、农业现代化并列，赋予了生态文明建设新的内涵，明确了建设美丽中国的实践路径。党的十八届五中全会审议通过的《中共中央关于制定国民经济和社会发展第十三个五年规划的建议》，强调牢固树立并切实贯彻“创新、协调、绿色、开放、共享”五大发展理念，对生态文明建设和环境保护做出一系列重大安排部署，要求加快补齐生态环境短板，将生态环境质量总体改善列为全面建成小康社会目标。

生态文明体制改革进一步深化。中共中央、国务院印发的《生态文明体制改革总体方案》，作为统领生态文明体制各领域改革的纲领性文件，系统全面地阐述了我国生态文明体制改革总体要求、理念和原则，提出到2020年搭建起由自然资源资产产权制度、环境治理体系等八项制度构成的产权清晰、多元参与、激励约束并重、系统完整的生态文明制度体系，推进生态文明领域国家治理体系和治理能力现代化。近5年多来，中央审议通过了数十项生态文明和环境保护制度，顶层设计和“四梁八柱”性质的制度体系基本形成。在2018年5月召开的全国生态环境保护大会上，习近平总书记强调生态文明建设是关系中华民族永续发展的根本大计，要加大力度推进生态文明建设、解决生态环境问题，坚决打好污染防治攻坚战，推动我国生态文明建设迈上新台阶。

专栏 1-17　生态文明建设“四梁八柱”基本搭建

生态文明建设是一项复杂庞大的系统工程，如果把其比喻成建房子，设立具体的制度就是支撑房子的“四梁八柱”。

党的十八大以来，一系列制度的密集出台及实施正是树立并夯实制度桩基的过程。2015年4月，中共中央、国务院首次印发《关于加快推进生态文明建设的意见》，明确生态文明建设的总体要求、目标愿景、重点任务、制度体系。同年9月，中共中央、国务院出台《生态文明体制改革总体方案》，系统阐述了生态文明体制改革的6大理念、6大原则以及8项制度等具体的改革内容，将一幅比较完整的生态文明建设蓝图清晰地展现出来。

2016年习总书记在“关于做好生态文明建设工作的批示”中说“要深化生态文明体制改革，尽快把生态文明制度的‘四梁八柱’建立起来，把生态文明建设纳入制度化、法治化轨道”。习总书记所指出的生态文明制度的“四梁八柱”是指《生态文明体制改革总体方案》中提出的8项制度：一是健全自然资源资产产权制度；二是建立国土空间开发保护制度；三是建立空间规划体系；四是完善资源总量管理和全面节约制度；五是健全资源有偿使用和生态补偿制度；六是建立健全环境治理体系；七是健全环境治理和生态保护市场体系；八是完善生态文明绩效评价考核和责任追究制度。

同时，《环境保护督察方案（试行）》《生态环境监测网络建设方案》《生态环境损害赔偿制度改革试点方案》等6项配套制度随之颁布，为实现总体改革目标保驾护航。至此，形成“1+6”的生态文明体制改革“组合拳”（即《生态文明体制改革总体方案》加6项配套制度）。之后，从《生态文明建设目标评价考核办法》到《关于划定并严守生态保护红线的若干意见》；从《关于设立统一规范的国家生态文明试验区的意见》到《控制污染物排放许可制实施方案》等一系列针对具体领域的制度设计不断出台，丰富和完善着生态文明建设的理论体系。

1.4.2 环境法治体系向系统化和纵深化发展

环境法治发展进入了快车道。在形成包括生态文明在内的“五位一体”的总体布局背景下，党的十八大后的环境法治发展进入了快车道，坚持走党内法规和国家立法相结合的特色法治道路。针对中国的实际，创建了环境保护党政同责、中央环境保护督察、生态文明建设目标考核等特色的体制、制度和机制，破解了以前有法难依、执法难严、违法难究的难题，撬动了整个环境保护的大格局，成效显著。生态文明理念与法治的融合，体现在环境治理体系建设的各个方面。在环境法治体系的构建上，既重视污染防治，也关注自然资源的保护；既重视构建全面、有力的法律制度，也关注制度之间的协调与统一；既重视国内环境问题，也关注气候变化、生物多样性保护等国际环境问题，加强国内国际联合，提高我国环境法的内部实效和外在影响力。

密集修订或颁布法律保障环境管理制度顺利实施。在生态文明理念的指导下，2014年4月，修订《环境保护法》；2015年8月，修订《大气污染防治法》；2016年7月，修订《野生动物保护法》；2016年10月，修订《环境影响评价法》；2016年10月，修订《海洋环境保护法》，《环境保护税法》审议通过，并于2018年1月1日起实施；2016年11月7日，修订《固体废物污染环境防治法》；2017年，修订《水污染防治法》；2018年，《土壤污染防治法》审议通过，并于2019年1月1日起实施。

专栏1-18 《土壤污染防治法》发布实施

2018年8月31日，十三届全国人大常委会第五次会议表决通过了《中华人民共和国土壤污染防治法》（以下简称《土壤污染防治法》），新发布的《土壤污染防治法》将自2019年1月1日起施行。这是我国首部规范土壤污染防治的专门法律，至此，我国土壤污染防治有法可依，“净土保卫战”正式纳入法治轨道。同时，这也标志着我国以环境保护法为统领的各环境要素污染防治法律体系业已正式建成。纵观《土壤污染防治法》，共七章九十九条，在以预防为主、保护优先、风险管控、分类管理、污染担责、公众参与原则的基础上，明确了土壤污染防治规划、土壤污染风险管控标准、土壤污染状况普查和监测，以及土壤污染预防、保护、风险管控和修复等方面的基本制度和规则。

《土壤污染防治法》对相关利益人的责任规定十分详细，包括政府的责任、使用权人的责任、污染人的责任等。这是因为土壤污染有隐蔽性、滞后性、长期性等特点。《土壤污染防治法》还对土壤的专业调查机构、评估机构、修复机构等提出了更严格的规定。对出具虚假的土壤污染状况调查、土壤污染风险评估报告等情节严重的违法行为，将对单位予以禁业，相关责任人员禁业10年；构成犯罪的，有关责任人员将被终身禁业。

法律的实施还需要一系列的配套法规、规章予以辅助。为了使环保法律法规落地，党的十八大后的国务院、环境保护主管部门及相关部门也相继出台了诸如《排污许可管理办法（试行）》《国家级自然保护区监督检查办法》《农用地土壤环境管理办法（试行）》《污染地块土壤环境管理办法》《建设项目环境影响后评价管理办法（试行）》《突发环境事件应急管理办法》《环境保护税法实施条例》《自然保护区条例》《建设项目环境保护管理条例》《防治拆船污染环境管理条例》《防治海岸工程建设项目污染损害海洋环境管理条例》《防治船舶污染海洋环境管理条例》《城市市容和环境卫生管理条例》《禽畜规模养殖污染防治条例》《南极活动环境保护管理规定》《国家环境保护与健康工作办法（试行）》《农业生态环境保护项目基金管理办法》《进口废纸环境保护管理规定》《农药管理条例》《城镇排水与污水处理条例》《国务院关于修改〈建设项目环境保护管理条例〉的决定》等法规、规章，用以推动法律制度的实施。2014 年修订的“史上最严”《环境保护法》公布后，环境保护部门于新法实施前期制定了一系列配套法规，包括《环境保护主管部门实施限制生产、停产整治办法》《环境保护主管部门实施查封、扣押办法》《环境保护主管部门实施按日连续处罚办法》《企业事业单位环境信息公开办法》《突发环境事件调查处理办法》等。

1.4.3 加快推动建立最严格的环境保护制度

一是污染治理进入攻坚阶段。环保得到空前重视，以大气、水、土壤三大污染防治攻坚战为重点，环境治理进程进一步加快。深入实施大气、水、土壤污染防治三大行动计划，实施蓝天保卫战和污染防治攻坚战，加快解决历史交汇期的生态环境问题，推动我国生态文明建设迈上新台阶。

二是划定并严守生态保护红线。中办、国办于2017年2月印发《关于划定并严守生态保护红线的若干意见》，提出按照山水林田湖草系统保护的思路，实现一条红线管控重要生态空间，形成生态保护红线全国“一张图”。

三是深化控制污染物排放许可制改革。国办于2016年11月印发《控制污染物排放许可制实施方案》，构建以排污许可制为核心的固定污染源监管制度体系，并发布了一系列配套政策文件，2018年公布的《排污许可管理办法（试行）》，规定了排污许可证核发程序等内容，细化了环保部门、排污单位和第三方机构的法律责任，为改革完善排污许可制迈出了坚实的一步，同年11月发布《排污许可管理条例》，排污许可制度向法制化更进一步。

四是实行生态环境损害赔偿制度。中办、国办于2015年11月印发《生态环境损害赔偿制度改革试点方案》，部署生态环境损害赔偿制度改革试点。2016年4月，经国务院同意在吉林、山东、江苏、湖南、重庆、贵州、云南等7省（市）开展改革试点。中办、国办于2017年12月印发《生态环境损害赔偿制度改革方案》，标志着生态环境损害赔偿制度改革从先行试点进入全国试行的新阶段。

五是深化环境影响评价制度改革。环境保护部于2016年7月印发的《“十三五”环境影响评价改革实施方案》，取消了水土保持、行业预审等环评审批前置以及建设项目试生产审查和竣工环境保护验收许可，实施环境影响登记表备案管理，两次调整分级审批权限，完成环保系统环评机构脱钩改制。并且积极推进通过环评工作强化“三线一单”（生态保护红线、环境质量底线、资源利用上线和环境准入负面清单）硬约束，印发了《“三线一单”编制技术指南（试行）》。

六是建立并实施中央环境保护督察制度。以中央名义对地方党委、政府进行督察，如此高规格、高强度的环境执法史无前例。自2015年12月31日在河北进行中央环保督察试点以来，中央环保督察已实现全国31个省（区、市）的全覆盖。中央环保督察围绕重点问题查具体事实、查履职情况，做到见人见事见责任，一些重大环境违法行为被曝光、被查处，一批充当“保护伞”、失职失察的官员受到严肃处理，环境违法问题得到有力解决，成为生态环境执法的一记重拳，取得了“百姓点赞、中央肯定、地方支持、解决问题”的效果。

1.4.4 建立和完善环境保护市场机制

一是加快培育环境治理和生态保护市场主体。国务院办公厅于2014年12月印发《关于推行环境污染第三方治理的意见》，加快培育环境治理和生态保护市场主体，推动构建更多运用经济杠杆进行环境治理和生态保护的市场体系。2017 年 7 月财政部、住房城乡建设部、农业部和环境保护部联合印发《关于政府参与的污水垃圾处理项目全面实施 PPP 模式的通知》，进一步鼓励污水、垃圾处理项目实行 PPP 模式。

二是“绿色保险”“绿色信用”日益发挥重要作用。2015 年我国绿色债券取得了突破性进展。12 月 22 日，中国人民银行发布绿色金融债券公告，支持开发性银行、政策性银行、商业银行、企业集团财务公司以其他依法设立的金融机构申请发行绿色金融债券，标志着我国绿色债券市场正式启动。2015 年 12 月 31 日，国家发展和改革委员会发布国内首份《绿色债券发行指引》，对促进绿色发展、推动节能减排、解决突出环境问题、应对气候变化，以及助力经济结构转型都有重要意义。2016 年 1 月 27 日，浦发银行发行了我国首只绿色金融债券，发行规模 200 亿元，债券期限为 3 年，年利率为固定利率 2.95%，超额认购 2 倍以上；同年 4 月 21 日，由海通证券和中国工商银行联合主承销的北京汽车股份有限公司“16 京汽绿色债 01”成功发行，成为国内首单绿色企业债券。随后，绿色债券市场规模不断扩大，2016 年 9 月 5 日，我国境内绿色债券发行规模达到 1 099.9 亿元，约占同期全球绿色债券发行量的 35%，已成为全球最大的绿色债券发行市场。中国人民银行、国家发展改革委、环境保护部等 7 部委于 2016 年 8 月印发《关于构建绿色金融体系的指导意见》，推动发挥资本市场优化资源配置、服务实体经济的功能，支持和促进生态文明建设。环境保护部会同中国证监会签订合作协议，共同强化上市公司环境信息披露监管。编制《环境污染强制责任保险管理办法（草案）》并向社会公开征求意见，在全国 20 多个省份开展环境污染责任保险试点，2017 年为 1.6 万多家企业提供风险保障金额 300 多亿元。2018 年生态环境部审议并原则通过《环境污染强制责任保险管理办法（草案）》。原环境保护部联合国家发展改革委等部门印发《企业环境信用评价办法（试行）》《关于加强企业环境信用体系建设的指导意见》等文件，会同 31 个部门签署环保领域违法失信联合惩戒备忘录。

三是环境保护税费改革取得突破。2016 年 12 月第十二届全国人大审议通过的《中华人民共和国环境保护税法》，是党的十八届三中全会提出“落实税收法定原则”要求后，全国人大常委会审议通过的第一部单行税法，也是我国第一部专门体现“绿色税制”、推进生态文明建设的单行税法。2017 年 12 月国务院令公布《环境保护税法实施条例》，进一步细化了法律有关规定，增强了可操作性。2018 年 1 月 1 日两部法律法规正式实施后，全国环保部门将不再征收排污费。

四是生态保护补偿制度建设取得明显成效。国务院办公厅于 2016 年 4 月印发《关于健全生态保护补偿机制的意见》，环境保护部于 2016 年 12 月印发《关于加快建立流域上下游横向生态保护补偿机制的指导意见》，加快建立流域上下游横向生态保护补偿机制，新安江、九洲江、汀江—韩江、东江、引滦入津等流域签署跨省流域上下游横向生态补偿协议，受益者付费、保护者得到合理补偿的良性局面正在加快形成。

五是排污权有偿使用和交易试点作用日益显现。国务院办公厅于 2014 年 8 月印发《进一步推进排污权有偿使用和交易试点工作的指导意见》。截至 2017 年 8 月，全国共有 28 个省份开展排污权有偿使用和交易试点，初步构建了省级层面的制度体系，对提升企业治污水平、强化企业环境监管、减少污染排放起到积极的推动作用。

2

环境政策改革取得的成绩分析

经过 40 多年的发展，我国基本形成了较为完善的生态环境政策体系，在防治污染、保护生态、改善环境质量方面实效性和生命力不断展现出来，对生态环境保护事业发展发挥了不可替代的支持和保障作用。

2.1 “四梁八柱”性质的环境政策体系基本建立

2.1.1 基本建立了符合国情的环境政策体系

自 20 世纪 70 年代我国环境保护起步以来，我国主要以工业污染防治为主，主要是通过行政手段来推进生态环境保护，环境立法成为国家法制建设中最活跃的领域之一，环境保护写入宪法，颁布实施

《环境保护法》《水污染防治法》《大气污染防治法》等，全面推行环境影响评价、“三同时”、排污收费、环境保护目标责任制、城市环境综合整治定量考核、排污许可证、污染集中控制和限期治理等新老八项环境管理制度，初步形成了符合国情的环保政策制度体系。在此基础上，我国的环境政策体系不断发展。2006 年 4 月国务院召开的第六次全国环境保护大会明确提出要加快实现三个转变，其中之一就是从主要用行政办法保护环境转变为综合运用法律、经济、技术和必要的行政办法解决环境问题。

2.1.2 环境政策体系进入全面升级新阶段

党的十八大以来，在生态文明体制改革框架下，我国环境政策体系进入全面升级的新阶段。十八届三中全会对加快生态文明制度建设做出了部署，提出“建设生态文明，必须建立系统完整的生态文明制度体系，实行最严格的源头保护制度、损害赔偿制度、责任追究制度，完善环境治理和生态修复制度，用制度保护生态环境”。2015 年，党中央、国务院印发《生态文明体制改革总体方案》，提出到 2020 年构建起由自然资源资产产权制度、环境治理体系等八项制度构成的产权清晰、多元参与、激励约束并重、系统完整的生态文明制度体系。中央审议通过了数十项生态文明和环境保护具体改革方案，生态文明建设目标评价考核办法、党政领导干部生态环境损害责任追究办法、中央环境保护督察、划定并严守生态保护红线、禁止洋垃圾入境和生态环境监测网络建设方案等改革举措相继出台，顶层设计和“四梁八柱”性质的制度体系基本形成。一是在法治方面，坚持法治思维，完善生态环境保护法律法规体系，健全生态环境保护行政执法和刑事司法衔接机制，依法严惩重罚生态环境违法犯罪行为。二是在行政手段方面，开展生态环境保护督察、区域流域限批，强化考核问责，加快推行排污许可制，健全环保信用评价，落实政府监管责任和企业主体责任。三是在环境经济政策方面，坚持激励与约束并举，“胡萝卜”与“大棒”并重，实行绿色信贷、绿色保险、绿色金融、绿色税费、生态保护补偿、排污权有偿使用与交易，推动构建更多运用经济杠杆进行环境治理和生态保护的市场体系。四是在社会治理方面，以社会多元共治为路径，加强生态环境宣传教育，牢固树立生态文明价值观念和行为准则，大力推进生产生活方式绿色化等。

2.2 生态环境保护法治体系不断强化

2.2.1 环境法律法规体系不断健全

1978 年《中华人民共和国宪法》第十一条规定“国家保护环境和自然资源，防治污染和其他公害”，首次将环境保护列入国家根本大法。1979 年，我国第一部环境法律《中华人民共和国环境保护法（试行）》的颁布，标志着我国环境保护开始步入依法管理的轨道。从 1979 年的《环境保护法（试行）》问世，到新时代这部法律“长出牙齿”，40 年间，我国共制定环保法律 13 部，资源保护与管理法律 20 余部，生态环保行政法规 30 余部，基本形成了以环境保护法为龙头的法律法规体系。

2.2.2 环境保护监督执法持续加强

《环境保护法》修订之前，我国环境法治建设面临的突出问题是“守法成本高、违法成本低”。2014 年十八届四中全会通过的《中共中央关于全面推进依法治国若干重大决定》明确提出，“用严格的法律制度保护生态环境，加快建立有效约束开发行为和促进绿色发展、循环发展、低碳发展、低碳发展的生态文明法律制度，强化生产者环境保护的法律责任，大幅度提高违法成本”。2014 年 6 月，最高人民法院设立环境资源审判庭，开启了系统的环境司法专门化改革。2014 年修订的《环境保护法》被称之为“史上最严”环保法，在执法权上，为环境保护主管部门增设了查封、扣押的执法权限，并在处罚方式上增加了行政拘留、按日计罚，在处罚范围上将环境影响评价机构、环境监测机构、从事环境监测设备和防治污染设施维护和运营机构以及地方各级人民政府、县级以上人民政府环境保护主管部门和其他负有环境保护监督管理职责的部门纳入进来，并确立连带责任和行政处分的方式进行责任追究。在 2017 年修订的《水污染防治法》中，不仅就《环境保护法》中规定的行政拘留、按日计罚等制度措施做出了相应的修订，同时还将多项违法行为的罚款限额提升至 100 万元，并针对政府不作为、乱作为等行为增加了对政府主要负责人进行约谈的规定，环境执法逐步加强，长期以来“环境违法是常态”的局面正在扭转。

2.2.3 行政和刑事责任追究力度不断加大

1997 年，修订的《刑法》规定了“环境监管失职罪”，将环境监管者的责任纳入了刑事法制的范围。2006年、2013年，最高人民法院、最高人民检察院通过司法解释进一步明确了“环境监管失职罪”的范围。2014年修订的《环境保护法》明确将9种情形列入追责范围，环境监管者的法律责任进一步得到明确。持续开展环境保护法实施年活动，保持打击生态环境违法行为的高压态势，2018年，全国实施行政处罚案件18.6万件，罚款数额152.8亿元，同比增长32%，是新环境保护法实施前2014年的4.8倍。

2.3 生态环境行政管理政策体系不断健全

2.3.1 不断强化环境行政手段的应用

长期以来，我国环保工作主要依赖行政手段。我国早期形成的八项制度中，除排污收费政策外，项目建设环境影响评价、“三同时”、环境目标责任制、城市环境综合整治定量考核、排放污染物许可证、污染集中处理和限期治理等7项均为行政管理政策，并长期作为我国生态环境管理的主体结构，发挥着重要作用。此后，随着生态环境管理实践的逐步深入，我国又先后实行了污染物总量控制、区域流域限批、生态环境损害赔偿、生态环境保护督察、领导干部生态环境损害终身追责制度等，推动落实党委、政府和企业的生态环境保护责任。

2.3.2 不断健全企业环境责任体系

在强化企业生态环境责任方面，主要推动从以环境影响评价为主向环境影响评价、排污许可、生态环境损害赔偿一起抓转变。

一是实行环境影响评价制度。环境影响评价制度是唯一一个以法律形式确定的环境管理手段，也是从法律法规制度建设到实施技术导则、管理办法、配套程序，从机构、队伍到技术、能力建设都比较齐全的政策，在推动节能减排、调整产业结构和布局、优化经济增长等方面发挥了重要作用。1973 年第一次全国环保会议召开后，环境影响评价的概念引入我国。1979 年，《中华人民共和国环境保护法（试行）》中确立了我国环境影响评价制度。1981 年，随着《基本建设项目环境保护管理办法》的发布，环评与“三同时”制度开始在全国开始推行。2002 年 10 月，《中华人民共和国环境影响评价法》出台，正式确立环评政策的法律地位，强化了政策的强制性，同时将环评从项目环评扩大到规划环评。2009 年发布的《规划环境影响评价条例》进一步详细规定了规划环评的操作规范。党的十八大以后，为充分发挥环境影响评价从源头预防环境污染和生态破坏的作用，2016年7月环境保护部印发《“十三五”环境影响评价改革实施方案》，开始大力推进环评制度改革，重点是简化环评程序、下放环评审批权限；加强项目环评与规划环评的联动，推动规划环评落地；强化事中事后监管等。

二是实行排污许可制度。我国从20世纪80年代开始逐步引入国外的排污许可制度，但由于法治保障以及配套条件不足，一直未发挥出应有的作用。直到党的十八大以后，排污许可制度才开始受到应有的重视，将其作为固定源管理的核心制度。2014年出台的新《环境保护法》明确规定所有排污单位都需要持证排污。国务院办公厅于2016年11月印发的《控制污染物排放许可制实施方案》，构建以排污许可制度为核心的固定污染源监管制度体系并进行安排部署。环境保护部出台《排污许可证管理办法（试行）》《固定污染源排污许可分类管理名录》《排污许可证管理暂行规定》等配套文件，发布火电等重点行业排污许可申请与核发技术规范。推动排污许可与环评制度有效衔接，建成全国统一的排污许可证管理信息平台，累计完成18个行业3.9万多家企业排污许可证核发。通过实施“一证式”管理，落实了企业生态环境保护主体责任，完善了固定污染源生态环境管理制度体系。

三是实行生态环境损害赔偿制度。生态环境损害赔偿制度是党的十八大以后开始实行的一项新型生态环境管理制度，主要是为了破解一直以来存在的“企业污染、群众受害、政府买单”的困局。党的十八届三中全会明确提出，对造成生态环境损害的责任者严格实行赔偿制度。中共中央办公厅、国务院办公厅于 2015 年 11 月印发《生态环境损害赔偿制度改革试点方案》，部署生态环境损害赔偿制度改革试点。2016 年 4 月，经国务院同意在吉林、山东、江苏、湖南、重庆、贵州、云南等 7 省（市）开展改革试点。中共中央办公厅、国务院办公厅于 2017 年 12 月印发《生态环境损害赔偿制度改革方案》，标志着生态环境损害赔偿制度改革从先行试点进入全国试行的新阶段。截至目前，北京等 29 个省份已印发省级生态环境损害赔偿实施方案，各地生态环境损害赔偿制度逐步确立。

2.3.3 严格落实党委、政府责任

在落实党委、政府责任方面，实行生态环境保护督察，落实领导干部生态文明建设责任制，严格实行“党政同责、一岗双责”。

一是实行环境保护目标责任制。20 世纪 80 年代以来，我国逐

步探索出一条中国特色的环境保护目标责任体系和问责机制，成为推动环保工作的重要机制。1986年，洛阳全国城市环境保护会议提出了市长要对城市的环境质量负责任。1989年的《环境保护法》确立了“地方各级人民政府，应当对本辖区的环境质量负责”的基本原则。“九五”“十五”期间，我国开始尝试污染物排放总量控制制度。“十一五”开始，我国提出了约束性节能减排指标，以层层分解落实的方式和“一表否决”的责任制度对指标进行落实。“十二五”增加了主要污染物减排指标，并优化了指标分解的方式。“十一五”“十二五”期间目标责任体系注重约束性指标的完成情况，并不关注政府相关部门常态化的分工机制。2016年以后，以《生态文明体制改革总体方案》的全面实施和中央环保督察制度为标志，我国的环境保护目标责任体系建构进入了新阶段。“十三五”期间，环境目标考核从强调主要污染物总量减排调整到以环境质量为核心。此外，这一阶段环境保护目标责任体系在增加专项考核的同时，引入了生态文明建设综合评价考核，强调生态环境保护领域相关部门常态化的分工机制，并开始建立领导干部生态环境损害终身追责制度，强调“党政同责、一岗双责”。

二是开展中央生态环境保护督察。在强化地方党委、政府和有关部门生态环境保护责任方面，一项重要制度安排是生态环境保护督察机制。2015 年 7 月 1 日，中央全面深化改革领导小组第十四次会议审议通过《环境保护督察方案（试行）》，在全国推行环境保护督察。环境保护部组建国家环境保护督察办公室，在河北省试点基础上，连续实施四批督察，首次实现督察 31 个省（区、市）全覆盖，并分两批对河北等 20 个省份开展生态环境保护督察“回头看”，公开通报 103 个敷衍整改、表面整改、假装整改的典型案例，两批“回头看”累计受理群众举报 76 658 件，合并重复举报后向地方交办 75 319 件，推动解决 7 万多个群众身边的垃圾、恶臭、噪声、扬尘等污染问题，成为落实地方党委和政府及其有关部门生态环境保护责任的硬招实招。

2.4 生态环境经济政策体系不断完善

改革开放以来，我国的环境政策也适时地发生转型，由过去单一命令控制型环境政策向多种环境管理政策手段综合并用转变，在环境管理中越来越广泛地利用市场机制手段。

2.4.1 积极推进环境税费政策改革

排污收费政策是我国环境政策体系中最为重要的一项环境经济政策，1979年，《环境保护法（试行）》首次以法律形式明确了排污收费政策的法律地位。1982年，《征收排污费暂行办法》由国务院颁布施行，我国排污收费政策开始正式建立，实施了近40年。排污收费筹集了大量污染防治资金，也提高了排污企业对治污的认识，在我国生态环境保护方面发挥了重要的作用。经过20年的征收，发现单纯实施超标收费已经难以适应环境保护形势。于是，2003年我国出台了《排污费征收使用管理条例》《排污费征收标准管理办法》《排污费资金收缴使用管理办法》《关于减免及缓缴排污费等有关问题的通知》等，将单纯的超标才征收排污费修改为排污即收费和超标收费并行。2016年12月第十二届全国人大审议通过的《环境保护税法》，是党的十八届三中全会提出“落实税收法定原则”要求后，全国人大常委会审议通过的第一部单行税法，也是我国第一部专门体现“绿色税制”、推进生态文明建设的单行税法。2017年12月国务院公布《环境保护税法实施条例》，进一步细化了法律有关规定，增强了可操作性。2018 年 1 月 1 日两部法律法规正式实施后，全国环保部门将不再征收排污费。

2.4.2 大力实施绿色金融政策创新

2006 年 4 月国务院召开的第六次全国环境保护大会明确提出，要从主要用行政办法保护环境转变为综合运用法律、经济、技术和必要的行政办法解决环境问题。我国开始大力推进以“绿色信贷”“绿色保险”“绿色证券”为代表的环境经济政策。2007 年 7 月 30 日，国家环境保护总局、人民银行、银监会三部门联合出台了《关于落实环境保护政策法规 防范信贷风险的意见》，这一“绿色信贷”政策的出台，表明推行环境经济政策是环境保护工作积极落实科学发展观的具体实践。此后，国家环境保护总局和中国保监会于 2007 年 12 月联合发布了《关于环境污染责任保险的指导意见》，正式确立建立环境污染责任保险制度的路线图。这一“绿色保险”是继“绿色信贷”后推出的第 2 项环境经济政策。此后，国家环境保护总局正式发布《关于加强上市公司环境监管工作的指导意见》，并开始持续发布“高污染、高环境风险”产品名录。2016 年 8 月，中国人民银行、国家发展改革委、环境保护部等 7 部委印发《关于构建绿色金融体系的指导意见》，“绿色保险”“绿色信用”日益发挥重要作用。

2.4.3 全面推行生态保护补偿

国家环境保护“十一五”规划明确提出要建立生态补偿机制。2008 年的新《水污染防治法》提出要建立对饮用水源保护区、江河湖库上游地区的生态补偿机制，这是从法律层面首次明确提出要建立生态补偿机制。“十一五”期间，我国流域生态补偿机制快速推进，皖浙两省的新安江流域水环境补偿试点作为首个国家推动的跨省上下游水环境补偿试点于 2010 年正式启动，河北、辽宁等 20 多个省（市、自治区）相继出台了省域内或跨省域流域上下游横向补偿相关的政策措施。为了进一步规范我国生态补偿机制的发展，国务院办公厅于 2016 年 4 月印发了我国生态补偿的首部纲领性文件《关于健全生态保护补偿机制的意见》，要求着力推进森林、草原、湿地、荒漠、海洋、水流、耕地等重点领域生态保护补偿。环境保护部于 2016 年 12 月印发《关于加快建立流域上下游横向生态保护补偿机制的指导意见》，要求各地加快建立流域上下游横向生态保护补偿机制，指导新安江、九洲江、汀江—韩江、东江、引滦入津、赤水河等流域签署跨省流域上下游横向生态补偿协议，2018年中央财政安排56亿元生态保护补偿资金，加快形成“受益者付费、保护者得到合理补偿”的良性局面。

2.4.4 探索推进排污交易政策

排污交易政策最早发源于美国，是一种利用市场机制推进污染物减排的政策。从未有任何一个国家像中国政府这样大范围探索排污交易试点，反映了我国政府对利用市场机制推进污染治理的强烈意愿。从2007年开始，财政部、环境保护部和国家发展改革委批复的江苏、浙江、天津、湖北、湖南、内蒙古、山西、重庆、陕西、河北和河南等11个省份开展了排污权有偿使用和交易活动。为进一步推进排污权有偿使用和交易试点工作，促进主要污染物排放总量持续有效减少，国务院办公厅于2014年8月印发《进一步推进排污权有偿使用和交易试点工作的指导意见》。截至2017年8月，全国共有28个省份开展排污权有偿使用和交易试点，初步构建了省级层面的制度体系，其中，国家确定的11个试点省份共征收排污权有偿使用费累计约73亿元，累计交易金额约62亿元，对提升企业治污水平、减少污染排放起到积极的推动作用。

2.5 多元环境治理体系初见成效

2.5.1 环境保护的公众参与制度逐步建立并完善

1989 年颁布的《环境保护法》第 6 条规定了“一切单位和个人都有保护环境的义务，并有权对污染和破坏环境的单位和个人进行检举和控告”。这为公众参与环境保护提供了原则性的法律依据。经过多年的发展，公众参与环境影响评价程序成为公众参与制度的主要渠道。2002 年颁布的《环境影响评价法》对环境影响评价中的公众参与做了原则性规定。2004 年、2006 年，国家环境保护总局先后发布了《环境保护行政许可听证暂行办法》《环境影响评价公众参与暂行办法》，初步明确了公众参与的权利和具体程序，以及公众参与环境影响评价的方式。2014 年 12 月颁布的《企业事业单位环境信息公开办法》，从信息公开的角度推进了我国公众参与环境治理的发展进程。2015 年 1 月 1 日施行的新《环境保护法》首次将“信息公开与公众参与”单独成章，对公众参与内容进行了具体规定。2015 年 9 月实施的《环境保护公众参与办法》全面具体地对公众参与环境治理的途径、程序、保障进行了规定，并且明确了政府在其中的协助和指导责任，说明我国环境法治建设开始从注重对公众环境实体权益的保障向兼顾保障公众环境程序权益方向发展。2018 年，《环境影响评价公众参与办法》及配套办法陆续出台，环境保护公众参与制度的法制化、规范化程度不断提高。

2.5.2 环境信息公开制度逐步建立健全

2003 年，国家环境保护总局发布了《环境保护行政主管部门政务公开管理办法》《关于企业环境信息公开的公告》，我国的环境信息公开制度开始逐步建立。2007 年，《政府信息公开条例》和《环境信息公开办法（试行）》出台，我国环境信息公开制度进一步规范。此后，环境保护主管部门陆续出台了《污染源环境监管信息公开目录》《国家重点监控企业自行监测及信息公开办法（试行）》《国家重点监控企业污染源监督性监测及信息公开办法（试行）》《企业事业单位环境信息公开办法》等规范性文件，进一步规范政府和企业的环境信息公开工作。2014 年修订的《环境保护法》进一步明确了环保部门、排污单位公开环境信息的义务。2018 年 6 月，《中共中央　国务院关于全面加强生态环境保护　坚决打好污染防治攻坚战的意见》明确提出，完善环境信息公开制度，加强重特大突发环境事件信息公开，对涉及群众切身利益的重大项目及时主动公开。

3

环境政策改革面临的挑战

中国环境政策改革经过 40 年变迁，形成了较为完善的生态环境政策体系，为有效遏制环境污染做出了积极贡献。在取得成绩的同时，我们也应该看到，在新的历史时期下，我国环境保护还存在一定问题并面临新的历史挑战。

3.1 新一轮的环境体制改革对环境政策创新提出了新需求

新组建的生态环境部将环境保护部的全部职责和其他 6 个部门相关的职责整合到一起，统一行使生态和城乡各类污染排放监管与行政执法职责，是推进生态环境领域、生态文明建设领域治理体系现代化和治理能力现代化的一场深刻变革和巨大进步。为适应环保机构的改革要求，解决职能交叉、多头管理，以及监管者和所有者未区分的矛盾，环境管理工作也要统一行使生态环境监管者职责，在制度制定上做相应的改变。

组建生态环境部，是以习近平同志为核心的党中央站在党和国家事业发展全局，适应新时代中国特色社会主义建设与发展需要做出的重大决策部署，是着眼实现全面深化改革总目标的重大制度安排，是推进国家治理体系和治理能力现代化的一场深刻变革。生态环境部的组建，是各项政策和职责，按新时期环境管理的需要改革和组建的一个过程。依托组建契机，按照山水林田湖草是一个生命共同体的理念，以改善生态环境质量为目标，以解决现行生态环境保护管理体制存在的突出问题为导向，梳理现有环境管理政策，整合政府部门分散的生态环境保护职责，清理不符合中央精神和时代要求的环保法规规章和规范性文件，改革和完善生态环境保护政策体系，为我国环境政策体系构建提供了新的要求。

3.2 长期环境质量改善和短期污染防治攻坚战对环境政策改革提出了新挑战

环境质量的改善是关系民生的重大社会问题，生态环境是关系党的使命宗旨的重大政治问题。围绕环境质量改善将会推动环境管理系列改革及制度建设，生态环境保护将向更加精细化、系统化、智能化的高质高效环境管理模式转变。

虽然我国的环境质量恶化趋势得到有效控制，但环境风险不断加大，国家环境安全存在挑战，群体性事件呈现快速上升趋势，环境与发展的矛盾尖锐。短时间内需要集中力量，以治理“散乱污”、蓝天保卫战重点区域强化监督、污染防治三大行动计划等攻坚行动来解决当前的环境污染问题，坚决向污染宣战。

同时，也要客观地认识到，今天的生态环境问题是历史不断累积的过程和结果，生态环境质量改善也需要一个长期奋斗的过程。我们既要有打好攻坚战的决心和信心，不等不拖，蹄疾步稳向前推进；也要有打好持久战的耐心和恒心，不急不躁，统筹处理好方方面面关系，坚持底线思维，一步一个脚印向前迈进。

近期以治理“散乱污”、蓝天保卫战重点区域强化监督、环保督查促进中低端淘汰，中长期以绿色技术、环保政策标准推动高端产业发展的环境治理路线将逐步明确实施，必将推动环境治理的连续性、有效性。

3.3 我国社会主义基本矛盾的变化对新时期环境政策改革提出了新要求

我国社会的主要矛盾已经转化为人民日益增长的美好生活需要和不平衡不充分的发展之间的矛盾。人民群众日益增长的优美生态环境需要与更多优质生态产品的供给能力不足之间的矛盾突出，这是社会主要矛盾新变化的一个重要方面，过去“盼温饱”“求生存”，现在“盼环保”“求生态”。

过去 40 年，在经济发展取得举世瞩目成就的同时，环境保护对污染排放起到了一定的“减压阀”作用，避免了全国性、灾难性和不可恢复的环境污染发生。总体上来看，我国生态环境保护仍滞后于经济社会发展，仍是“五位一体”总体布局中的短板，仍是广大人民群众关注的焦点问题。未来一段时期内，我国仍将处于工业化和城镇化“双快速”发展阶段，经济总量仍将保持中高速增长，以煤炭为主的能源消费结构难以彻底改变，污染排放压力依然不减。水、大气、土壤环境问题依然严重。水污染方面乡村水环境质量未有明显改善，富营养化指标在恶化；大气污染方面，挥发性有机污染物（VOCs）污染未见明显改善，臭氧（O_3）造成的大气污染仍在加剧。在土壤环境方面，随着社会经济的快速发展，重金属、酞酸酯、抗生素、放射性核素、病原菌等各类污染物仍以多形态、多方式、多途径进入土壤环境，土壤环境问题呈现多样性和复合性的特点，风险管控难度进一步加大。

民心是最大的政治。经济发展了，社会进步了，生活富裕了，人民对蓝天白云、碧水青山、安全食品和优美生态环境的追求更加迫切。对环境保护工作来讲，改变管理思路，改革管理机制，以人民群众对高质量环境发展的要求，紧扣我国社会主要矛盾变化，下更大决心、采取更有力措施，着力解决损害群众健康、社会反映强烈的生态环境问题，使人民获得感、幸福感、安全感更加充实、更有保障、更可持续。

3.4 环境市场经济政策创新需要突破

党的十九大强调，我国经济已由高速增长阶段转向高质量发展阶段。这是党中央的一个重大判断。高质量发展是能够很好满足人民日益增长的美好生活需要的发展，是体现新发展理念的发展，使创新成为第一动力。生态环境问题根源在粗放型增长方式。改善生态环境状况，必须改变过多依赖增加物质资源消耗、过多依赖环境消耗、过多依赖规模粗放扩张、过多依赖高能耗高排放产业的发展模式，推动质量变革、效率变革、动力变革。中国的可持续发展面临人口众多、资源有限、低效使用、不均衡分布等挑战。以第二产业为主的产业结构，预计到2020年仍难改变。

长期以来，我国资源价格基本没有体现资源稀缺状况和生态环境（破坏）恢复成本，缺少自然资源资产核算和有效监管，使资源消耗量较大，自然资源的利用率不高。目前我国生态环境保护管理工作以行政手段为主，市场机制不健全，造成环境外部不具有经济性，环境定价、环境税、生态补偿、环境损害赔偿、绿色金融等环境经济政策不健全，不能有效控制环境污染。

我国经济已由高速增长阶段转向高质量发展阶段，推动高质量发展，需要充分发挥生态环境保护在推进供给侧结构性改革、加快产业结构转型升级方面的作用，推动经济发展方式转变、经济结构优化、增长动力转换。注重市场化手段的应用，推动政府职能深刻转变，使市场在资源配置中起决定性作用和更好发挥政府作用，这是一场重塑政府和市场关系、刀刃向内的政府自身革命，也是实现经济稳中向好的关键一招。在新时期的环境经济形势下，常态化、市场化、现代化的政策有待加强和突破，更多更好的市场手段将应用于今后的生态环保工作中。

3.5 环境政策改革对环境监管执法配套能力提出了更高要求

经过 40 年的发展，中国环境法已基本形成完整的体系，污染防治立法涵盖方方面面，资源保护的立法得到全面发展，生态保护的立法正趋于健全。国家法律体系趋于“绿化”过程。环境法律执行存在阻力，环境“违法成本低、守法成本高”的老大难问题依然十分严重。环境公益诉讼进展缓慢，维护环境受害者权益困难重重。

从环境监测能力上来看，存在着精细化支撑不够、监测网络规划布局不统一、信息公开与共享不充分等问题。从环境质量、污染源和执法监测转变到生态单元、生态功能和生态系统监测，技术体系与技术能力亟须提升。农业、水利、自然资源等部门为支撑本部门业务工作，也开展了一些环境监测活动，由于缺乏统一规划布局，不同部门间职能、职责、监测网络均有一些重叠、交叉，造成有限资源的浪费且存在数据“打架”等问题。

目前环保部门内部掌握的以及要求企业申报或公开的排放数据有多套、来源有多种，包括在线监控、自行监测、监督性监测、执法监测，以及环境统计、总量控制、排污申报、污染普查等，包括瞬时数据、均值数据和年度统计数据等，多套、多种数据间存在不一致的情况。由于现有监控管理体系无法做到对超标排放企业及时、全部发现，所以对超标排放等环境违法行为打击覆盖面严重不足，使企业有侥幸心理。

3.6 环境政策改革需要充分发挥市场化、社会化主体的能动性

经过40多年发展，企业开始在生态环境保护方面发挥作用。一些跨国企业和国内央企、大型民企开展了“绿色”行动计划，支持民间环保行动，环保企业广泛进入城市污水处理和一些工业企业的污染治理活动中。环保民间组织也迅速发展起来。据统计，包括民办非企业单位和大量没有注册的民间团体，目前已经达到6 000多家（2013年年底），在环境信息公开、环境决策参与、野生动植物保护等领域开展了系列活动，引起了社会各界的广泛关注。

但总体上，与国家相比，社会参与的力量仍然是偏弱的，一个

“高效政府和广泛参与”的体制远未形成。社会组织与公众参与决策、监督的渠道不畅通。生态环境管理的行政、司法程序化规定还很少，很多的行政决策都在内部封闭的情况下开展，决策过程不开放。尽管规定了价格论证会等机制，但很大程度上都是“走过场”，难以发挥制约作用。在很多情况下，社会公众只能借上访、群体事件和媒体报道来影响政府及其相关部门的决策。

4

环境政策改革思路和建议

4.1 新时期生态环保政策改革思路

4.1.1 总体目标

以习近平新时代中国特色社会主义思想，特别是生态文明思想为指导，基于问题导向和需求导向，从强化、整合和创新三个维度，建设新时期我国环境政策体系。将生态环境部门打造成环境友好政策主要供给者、重大产业政策制定的关键影响者，通过生态环保政策的实践与创新，推动绿色发展、解决突出环境问题、有效防范生态环境风险、提高环境治理水平，实现环境效益、经济效益、社会效益多赢，为建设美丽中国提供决策支撑。

4.1.2 改革思路

推进生态文明建设、建设美丽中国、实现生态环境治理体系与治理能力现代化都离不开法律保障与政策制度的支撑，体制需要具备高效的运行机制、强大的管理和执行能力。只有体制、政策、制度、机制作为一个有机整体全面改进和加强，生态环境治理体系与治理能力现代化才有可能实现。

从领域来看。构建支撑生态环境治理体系与治理能力现代化需要从政府、企业、市场、社会、公众分别着手，推动形成面向 2035 年的政府引导、企业主体、市场推动、社会监督、公众参与的现代化治理格局。

从路径来看。近期（2020 年之前），主要以解决水、大气、土壤突出环境问题为主，以完善生态环境管理体制、强化生态环境监督管理为主，满足生态监管与污染治理需求，打好污染防治攻坚战；中期（2021—2025 年），突出环境问题从大气、水转向土壤、农村生态环境、环境风险、人体健康、危险化学品管理及气候变化领域，需要争取市场机制、社会主体发挥更大作用，约束与激励并重地推动企业落实主体责任；远期（2026—2035 年），要实现生态环境治理体系和治理能力现代化，必须依靠标准、法治、市场对生态环境保护发挥作用。每个阶段侧重点不同，政策制度支持也需进行相应转变。

4.1.3 政策矩阵

基于面向 2035 年的生态环境保护“政府、企业、市场、社会、公众”的政策需求，建立成熟的政府引导机制，落实企业环境保护主体责任，构建约束与激励、经济手段为主、合作互赢的市场体系，推动生态环境社会监督与治理，规范公众参与等五大方面构建面向 2035 年的生态环境政策改革矩阵（表 4-1）。

4.2 积极完善生态环境法律法规体系

4.2.1 积极完善生态环境保护法律法规

一是推动生态环境保护法律、法规和政策等入党章、入宪法，并对生态环境保护方面的要求予以具体化，成为社会各界的共同遵循准则。二是积极完善生态环境保护法律法规体系，推进排污许可制度、

表 4-1　面向 2035 年的环境政策改革矩阵

领域	转变	政策矩阵		
		近期（2020 年以前）	中期（2021—2025 年）	远期（2026—2035 年）
政府	政府主导、命令控制逐步转变为政府引导，监管向精细化、全面性转变	➢ 生态环境保护领导规则总体设计 ➢ 领导干部生态文明建设责任制试点 ➢ 生态环境保护工作职责清单政策 ➢ 环境保护督察制度 ➢ 生态环境保护目标责任制 ➢ 党政领导责任追究 ➢ 自然资源资产离任审计试点	➢ 新一轮生态文明体制改革 ➢ 完善的领导干部生态文明建设责任制 ➢ 完善生态环境保护督察制度及立法保障 ➢ 生态环境保护目标责任制 ➢ 自然资源资产离任审计 ➢ 省以下监察监测执法垂直管理长效运行机制 ➢ 巩固污染防治攻坚战成效政策	➢ 资源环境保护与监管大部制改革探索 ➢ 美丽中国目标责任制度落实与评估机制 ➢ 完善的领导干部生态文明建设责任制 ➢ 常态化的生态环境保护督察长效机制 ➢ 长效运行省以下监察监测执法垂直管理

领域	转变	政策矩阵		
		近期（2020年以前）	中期（2021—2025年）	远期（2026—2035年）
政府	政府主导、命令控制逐步转变为政府引导，监管向精细化、全面性转变	➢ 省以下监察监测垂直管理 ➢ 水、气、土污染防治行动计划 ➢ 污染防治攻坚战 ➢ 重点区域、流域、海域、饮用水水源地生态环境规划和水功能区划 ➢ 陆地和海洋各类污染物排放总量控制政策 ➢ 完善环保标准体系 ➢ 生态环境基准和技术规范	➢ 强化土壤污染防治行动 ➢ 重点区域、流域、海域、饮用水水源地生态环境规划和水功能区划 ➢ “十四五”陆地和海洋各类污染物排放总量控制政策 ➢ 差别化的、可执行的、精细化的环保标准体系 ➢ 生态环境基准和技术规范动态更新机制	➢ 生态环境监管、保护与修复长效机制 ➢ 重点区域、流域、海域、饮用水水源地生态环境规划和水功能区划 ➢ 面向美丽中国建设目标的陆地和海洋各类污染物排放总量控制政策 ➢ 差别化的、可执行的、精细化的环保标准体系

领域	转变	政策矩阵		
		近期（2020 年以前）	中期（2021—2025 年）	远期（2026—2035 年）
政府	政府主导、命令控制逐步转变为政府引导，监管向精细化、全面性转变	➢ 重特大突发生态环境事件的应急预警政策 ➢ 城乡生态环境综合整治政策 ➢ 农业面源污染治理政策 ➢ 应对气候变化及温室气体减排重大战略 ➢ 第二次全国污染源普查	➢ 重特大突发生态环境事件的应急预警体系及能力建设 ➢ 城乡生态环境综合整治及保障机制 ➢ 农业面源污染治理监管制度 ➢ 应对气候变化及温室气体减排规划及保障	➢ 生态环境基准和技术规范动态更新机制与监管机制 ➢ 重特大突发生态环境事件的应急预警体系及能力建设长效机制 ➢ 城乡生态环境综合整治及保障机制 ➢ 农业面源污染治理监管制度 ➢ 应对气候变化及温室气体减排的顶层设计及政策制度体系

领域	转变	政策矩阵		
		近期（2020 年以前）	中期（2021—2025 年）	远期（2026—2035 年）
企业	从强制性环保约束向自愿主动承担环境保护职责转变，实现全生命周期管理	➢ 排污许可证核发全覆盖 ➢ 工业污染源全面达标行动计划 ➢ 探索构建企业环境信用评价 ➢ 探索建立排污企业环境信息强制性披露制度 ➢ 重点行业、产业规划环评 ➢ “三线一单”政策 ➢ 环境风险管控政策 ➢ 绿色供应链政策 ➢ 生产者责任延伸制度 ➢ 环境保护综合名录 ➢ 区域限批政策	➢ 完善的排污许可证监管制度与立法 ➢ 企业环境信用评价体系及第三方评价制度 ➢ “三线一单”政策动态更新与监管 ➢ 环境风险管控政策 ➢ 分行业推动绿色供应链政策 ➢ 生产者责任延伸制度 ➢ 环境保护综合名录在地方与行业的决策应用机制 ➢ 区域限批政策 ➢ 修订完善的查封扣押、按日计罚、限制生产、停产整治政策	➢ 完善的排污许可证监管制度与立法 ➢ 企业环境信用评价体系及第三方评价制度 ➢ 差别化的、可执行的、精细化的环保标准体系 ➢ “三线一单”政策动态更新与监管 ➢ 环境风险管控政策 ➢ 分行业推动绿色供应链政策 ➢ 完善生产者责任延伸制度体系 ➢ 完善的环境保护综合名录制度体系与作用机制

领域	转变	政策矩阵		
		近期（2020 年以前）	中期（2021—2025 年）	远期（2026—2035 年）
企业	从强制性环保约束向自愿主动承担环境保护职责转变，实现全生命周期管理	➢ 查封扣押、按日计罚、限制生产、停产整治政策 ➢ 推动环保“领跑者”制度试点 ➢ 探索多部门联合守信激励与失信惩戒机制	➢ 环保“领跑者”的动态更新与监管机制 ➢ 建立多部门联合守信激励与失信惩戒机制	➢ 环保“领跑者”的长效运行机制 ➢ 多部门联合守信激励与失信惩戒长效运行机制
市场	从市场失效向形成市场有效配置、合作互赢的市场机制转变	➢ 环境污染强制责任保险管理 ➢ 环境保护专项资金政策 ➢ 环境税、资源税 ➢ 水价、电价、土地利用价格政策	➢ 环境税、资源税全面开征及监管制度 ➢ 市场化的环境污染强制责任保险制度 ➢ 差别化的水价、电价、土地利用价格政策	➢ 完善的环境税、资源税的制度监管体系 ➢ 多元投资的环境保护专项基金 ➢ 环境污染强制责任保险长效运行机制

领域	转变	政策矩阵		
		近期（2020 年以前）	中期（2021—2025 年）	远期（2026—2035 年）
市场	从市场失效向形成市场有效配置、合作互赢的市场机制转变	➢ 绿色金融政策体系 ➢ 探索多元共治的生态补偿机制 ➢ 构建市场导向的绿色技术创新体系政策 ➢ 排污权交易、碳排放权交易试点 ➢ 生态环境损害赔偿制度	➢ 环境保护专项资金政策 ➢ 完善的绿色信贷、绿色投融资 ➢ 绿色贸易政策 ➢ 多元共治的生态补偿制度体系 ➢ 完善的市场导向的绿色技术创新体系政策 ➢ 市场化的排污权交易、碳排放权交易 ➢ 生态环境损害赔偿制度的运行与监管制度	➢ 差别化、精细化的水价、电价、土地利用价格政策 ➢ 完善的绿色信贷、绿色投融资、债券制度 ➢ 长效运行的多元共治的生态补偿体系 ➢ 市场导向的绿色技术创新体系保障与监管机制 ➢ 市场化的排污权交易、碳排放权交易制度体系 ➢ 生态环境损害赔偿制度的运行与监管制度

领域	转变	政策矩阵		
		近期（2020 年以前）	中期（2021—2025 年）	远期（2026—2035 年）
社会	不断强化社会监督，社会治理成为主力军	➢ 生态环境保护第三方治理和 PPP 政策 ➢ 合同能源管理、合同节水管理试点 ➢ 区域环境托管服务或者环境管家服务试点 ➢ 环保公益诉讼	➢ 合作互赢的生态环境保护第三方治理和 PPP 制度体系 ➢ 合同能源管理、合同节水管理制度体系 ➢ 区域环境托管服务或者环境管家服务制度体系 ➢ 环保公益诉讼的法律保障	➢ 生态环境保护第三方治理和 PPP 制度的法律保障 ➢ 合同能源管理、合同节水管理长效运行机制 ➢ 区域环境托管服务或者环境管家服务长效运行机制 ➢ 完善的环保公益诉讼的制度体系
公众	公众形成绿色消费及绿色生活意识，积极参与环保	➢ 环保重大决策及项目的公众参与制度 ➢ 绿色消费全民行动政策 ➢ 环境标志产品、绿色产品等认证政策 ➢ 环境信息公开 ➢ 生活垃圾分类试点	➢ 绿色消费引导机制 ➢ 常态化的环保重大决策及项目的公众参与制度 ➢ 环境标志产品、绿色产品等供给与认证政策 ➢ 完善环境信息公开体系及平台 ➢ 生活垃圾分类激励与保障政策	➢ 生活方式绿色化的保障机制 ➢ 常态化环保重大决策及项目的公众参与运行机制 ➢ 环境标志产品、绿色产品等供给与认证政策 ➢ 美丽中国下绿色生活消费引导与激励政策 ➢ 环境信息公开长效运行机制 ➢ 生活垃圾分类监管政策

环境监测管理、生态保护红线、核安全、生物多样性保护、重点生态功能区保护、生态环境损害赔偿、湿地保护、化学品环境管理、机动车污染防治、环境教育等方面的立法。三是加快修订相关法律，如《土地管理法》《节约能源法》《循环经济促进法》《矿产资源法》《森林法》《草原法》《野生动物保护法》等，以及《规划环境影响评价条例》《建设项目环境保护管理条例》《放射性同位素与射线装置安全防护条例》《自然保护区条例》《危险废物经营许可证管理办法》等，研究论证环境责任、电磁辐射环境管理、环境应急管理、环境污染责任保险、环境规划等法规。

4.2.2 加快制定法律条例等配套的环保规章

继续抓紧制修订与《环境保护法》《大气污染防治法》《水污染防治法》《建设项目环境保护管理条例》等环保法律法规相配套的部门规章，包括修订按日计罚、查封扣押、信息公开、环境与健康等方面部门规章，增强法律法规可操作性。对环保法律法规需要进一步明确具体含义的，以及法律法规制定后出现新的情况、需要明确适用法律依据的，及时做出执法解释，保证法律法规的有效实施。加强对规范性文件的合法性审查，确保规范性文件合法有据。

4.2.3 指导地方环保立法

积极支持、指导和推动制定地方环保法规或者规章，突出地方特色，注重针对性和可操作性，以适应地方环保工作的实际需要。加强地方环保立法的调研，将立法条件比较成熟、应当用法律规范来调整、具有普遍适用意义、各方面意见比较一致的地方立法及时上升为适用全国的环保法律法规。加强地方环保立法工作的交流和培训，构建环保立法工作者交流平台，实现环保立法信息共享。

4.3 持续推进体制机制改革，落实党政绿色发展责任

4.3.1 压实地方党政生态环保责任

在大部制改革的背景下，尽快全面落实省以下生态环境保护监测和监察垂直管理体制改革，建立尽职免责的环境监管制度，克服地方保护主义和生态环境保护形式主义，杜绝生态环境监测数据作假的现象。制定可操作、可视化的绿色发展指标体系，强化生态文明建设目标评价考核机制，把资源消耗、环境损害、生态效益纳入经济社会发展评价体系，不断完善绿色发展的刚性约束。根据不同区域主体功能定位，实行

差异化绩效评价考核，建立和落实党政领导自然资源资产离任审计制度和生态环保责任追究制度，发挥好领导干部评价考核“指挥棒”的作用。

4.3.2 强化中央环保督察制度

继续实施中央环保督察制度。理顺中央生态环境保护督察与国家国土资源督察、国家海洋督察和林草等部门的部门督察关系，将各项督察统一于中央生态环境保护督察的大盘子中，由中央生态环境保护督察组代表中共中央、国务院统一开展生态环境和自然资源方面的综合督察。

4.3.3 完善生态环境综合决策机制

建立国家级生态环境保护或可持续发展高层议事协调机构，建立区域生态环境保护联动协作机制。加强生态环境绩效考核与问责，强化环保督察与监督，开展领导干部自然资源资产离任审计。强化生态环境监管和执法，实行独立而统一的生态环境监管，有序推进生态环境治理体制改革，建立健全生态环境保护领导和管理体制、激励约束并举的制度体系。强化生态环境综合执法。积极推行省以下环保机构监测监察执法垂直管理制度改革试点。

4.3.4 完善环保标准体系，创新排放限值制定模式

一是完善环保标准体系，鼓励各地综合考虑环境质量、发展状况、治理技术、经济成本、管理能力等因素，加快制、修订地方污染物排放标准，建立与辖区环境承载能力相适应的标准体系。环境质量严重超标地区，要根据环境质量改善目标和进程，制定并实施分阶段逐步加严的地方污染物排放标准。二是创新排放限值制定模式，基于“最佳可行技术”或“最佳可行控制技术”提出排放限值，在排污许可管理制度中明确排放限值是对每一个污染源进行排污许可的基本和最低要求，发放排污许可应当针对影响环境质量达标的污染物，提出比排放标准更严格的排放量控制要求，基于区域环境质量的达标需求、总量减排的总体要求、企业周边的环境敏感程度等，对企业排污强度、排污总量或排污方式提出更严格的要求。

4.4 完善约束激励机制，激发企业环保内生动力

4.4.1 严格落实企业环境治理主体责任

一是建立企业环境信用评价体系，搭建覆盖国家、省、市、县

的企业环境信用信息系统，完善企业环境信用信息公开制度，推进环保部门与其他部门之间的环境信用信息共享，构建环保部门与财政、商务、银行、工商、安监、质检、税务、海关、能源等有关主管部门的联合守信激励与失信惩戒机制。二是积极推动排污企业环境信息强制性公开，包括企业基本信息、污染物排放、温室气体排放、资源使用、环境风险管理及环境事故信息等，强化涉污企业环境管理与自我约束。

4.4.2 全面落实排污许可管理改革

积极实施排污许可改革。实施排污许可"一证式"管理，严格按照《排污许可管理办法（试行）》落实各方责任，建立企业承诺、自行监测、台账记录、执行报告、信息公开等制度，进一步落实持证排污单位污染治理主体责任。一方面，加速排污许可条例与相关技术规范的制定。重点配合上级立法机关加快推动排污许可管理条例的出台，在《排污许可管理办法（试行）》的基础上进行完善，完成排污许可管理条例草案，后续加速推动条例出台；同时加快制定排污许可技术支撑体系，生态环境部加快制定排污许可证申请与核发技术规范、环境管理台账及排污许可证执行报告技术规范、排污单位自行监测技术指南、污染防治可行技术指南等相关技术规范。另一方面，重点围绕排污许可与总量、环评、环境保护税、排污权交易、环境统计等制度开展衔接工作。结合总量控制制度，今后排污许可证中规定的许可排放量就是企业的总量控制指标；结合环评制度改革要求，建立环评与排污许可衔接管理机制，从管理范围、内容、程序、要求等方面全面衔接两项制度；加快与环境税的衔接，明确排污许可管理形成的企业实际排放量作为环境保护税征收的主要依据。

4.4.3 积极推动工业污染全面达标行动计划

一是全面配合排污许可进度，协同推进达标计划，基于排污许可明确达标计划实施范围，核发一个行业、清理一个行业、达标一个行业。二是分行业逐步摸清工业污染源底数，各地区全面掌握辖区内工业企业名称、统一社会信用代码、行业分类及所在行政区域，以及污染源基本信息，建立工业污染源清单，纳入“双随机”监管范畴，并实现动态更新管理。三是制定更加完善的企业环境保护自控管理政策，督促企业规范开展自行监测，督促企业依据排污许可证、环评批复、环评报告及企业实际排污情况制订监测方案，同时积极推动重点排污单位在线自动监测全覆盖，并与环保部门联网，在国家统一的平台上公开污染物排放信息。

4.4.4 深入推动环保“领跑者”制度实践

一是选择污染问题突出且与国民经济和社会发展息息相关的领域、与民生关系密切的产品（如涂料、油墨、皮革、胶黏剂、人造板等）作为政策研究与实施对象，开展制度试点与实践。二是明晰各主体责任，明确制度体系中政府、企业、公众等多方主体责任，做好财政、发改、工信、环保、质检各部委的责任分工，落实各部门权责，有序推动制度实施。三是制定配套激励措施，设计环保“领跑者”标识，对领跑产品贴标，建立对环保“领跑者”产品的宣传、推广机制；同时针对各类产品特征制定配套财政补贴、税收优惠等激励政策，激发环保“领跑者”产品的市场引领效益。

4.4.5 着力打造绿色供应链

一是大力倡导绿色制造，推行产品全生命周期绿色管理，在汽车、电器电子、通信、大型成套装备及机械等行业开展绿色供应链管理示范。强化供应链的绿色监管，探索建立统一的绿色产品标准、认证、标识体系，鼓励采购绿色产品和服务，积极扶植绿色产业，推动形成绿色制造供应链体系。二是积极推行绿色流通。鼓励流通环节推广节能技术，加快节能设施设备的升级改造，培育一批集节能改造和节能产品销售于一体的绿色流通企业。加强绿色物流新技术和设备的研究与应用，贯彻执行运输、装卸、仓储等环节的绿色标准，开发应用绿色包装材料，建立绿色物流体系。

4.4.6 积极推行生产者责任延伸管理

一是鼓励开展生态设计，生产企业统筹考虑原辅材料选用、生产、包装、销售、使用、回收、处理等环节的资源环境影响，深入开展产品轻量化、单一化、模块化、无（低）害化、易维护设计，以及延长寿命、绿色包装、节能降耗、循环利用等生态设计。二是鼓励使用再生原料，在保障产品质量性能和使用安全的前提下，鼓励生产企业加大再生原料的使用比例，实行绿色供应链管理，加强对上游原料企业的引导，研发推广再生原料检测和利用技术。三是规范回收利用，生产企业通过自主回收、联合回收或委托回收等模式，规范回收废弃产品和包装，直接处置或由专业企业处置利用；产品回收处理责任可通过生产企业依法缴纳相关基金、对专业企业补贴的方式实现。四是加强信息公开，将产品质量、安全、耐用性、能效、有毒有害物质含量等内容作为强制公开信息，面向公众公开；将涉及零部件产品结构与拆解、废弃物回收、原材料组成等内容作为公开信息，面向废弃物回收、资源化利用主体定向公开。

4.5 强化市场手段运用，健全环境经济政策体系

4.5.1 加快推进环境税和资源税改革

一是大力推进环境费改税改革，推动环境税的全面征收，同时研究将挥发性有机物等特征污染物纳入征收范围，研究制定差别化的阶梯税率。二是完善资源税政策，加快制定资源税费征收办法，明确资源税征收范围，包括石油、天然气、煤炭、金属矿产、其他非金属矿产品及盐等，基于资源稀缺程度确定税额水平，适度提高部分矿产品资源税税率，如提高稀土的资源税税率，保护资源和加大调节力度；协调资源税与矿产资源补偿费收费的关系。三是持续扩大水资源税改革试点，各地区统筹考虑本地区水资源状况、经济社会发展水平和水资源节约保护要求，在《扩大水资源税改革试点实施办法》的最低平均税额基础上，分类确定具体适用税额。四是优化机动车相关税收政策。综合考虑与机动车相关税收政策，进行

优化改革，将机动车油耗、排放标准作为车辆购置税、车船税和机动车消费税改革的依据，提高使用环节成本，依据燃油品质，对汽油、柴油产品设置低质高税、高质低税的差别税率，将征收环节逐步向消费端转移。五是推动开征碳税，凡是因消耗化石燃料直接向环境排放二氧化碳的单位作为碳税的纳税义务人，碳税的征税范围包括煤炭及煤炭制品、焦炉煤气、原油、汽油、柴油、燃料油、液化石油气、天然气、其他化石燃料。

4.5.2 着力构建绿色金融体系

积极引入第三方治理和环境 PPP，鼓励将节能减排降碳、环保和其他绿色项目与各种相关高收益项目打捆，建立公共物品性质的绿色服务收费机制，鼓励各类投资进入环保市场。积极鼓励地方政府和民间资本联合设立环保产业发展基金，鼓励各类绿色发展基金支持以 PPP 模式操作的相关项目。构建支持绿色信贷的政策体系，绿色信贷支持的项目可申请财政贴息，形成支持绿色信贷等绿色业务的激励机制和抑制高污染、高能耗和产能过剩行业贷款的约束机制。研究建立国家生态银行或者绿色发展银行，加强绿色证券、绿色债券、绿色保险等金融产品和服务创新。完善各类绿色债券发行的相关业务指引、自律性规则，明确发行绿色债券筹集的资金专门（或主要）用于绿色项目。

4.5.3 完善资源环境价格机制

全面反映市场供求、资源稀缺程度、生态环境损害成本和修复效益等因素。一是推动有关部门落实调整污水处理费和水资源费征收标准政策，收费标准要补偿污水处理和污泥处置设施的运营成本并合理盈利，个别地区应当结合污染防治形势等进一步提高污水处理收费标准，完善再生水价格机制。二是提高垃圾处理费收缴率。三是推动综合考虑燃煤电厂的污染减排成本，鼓励企业技术创新，调整目前环保电价，研究完善燃煤电厂环保电价政策，推动深化脱硫脱硝除尘超低排放环保电价政策，研究将脱汞纳入环保电价。四是加大高耗能、高耗水、高污染行业差别化电价水价等政策实施力度。

4.5.4 持续推进生态补偿体制机制创新

加快建立多元化生态保护补偿机制。首先，建立稳定投入机制，多渠道筹措资金，加大生态保护补偿力度；其次，完善重点生态区域补偿机制；再次，推进横向生态保护补偿，研究制定以地方补偿为主、中央财政给予支持的横向生态保护补偿机制办法；最后，研究建立生态环境损害赔偿、生态产品市场交易与生态保护补偿协同推进生态环境保护的新机制。

4.5.5 推进生态环境损害赔偿制度改革

一是结合开展生态环境损害赔偿制度改革试点工作经验，积极制定生态环境损害索赔政策管理办法，明确启动条件、鉴定评估机构选定程序、管辖划分、信息公开等工作规定。二是加速建立对生态环境损害索赔行为的监督机制，赔偿权利人及其指定的相关部门或机构的负责人、工作人员在索赔工作中存在滥用职权、玩忽职守、徇私舞弊的，依纪依法追究责任；涉嫌犯罪的，应当移送司法机关；构建责任明确、途径畅通、技术规范、保障有力、赔偿到位、修复有效的生态环境损害赔偿制度。三是推动环境损害鉴定评估工作。基于《生态环境损害鉴定评估　总纲》，加快编制《生态环境损害鉴定评估技术指南　土壤和地下水》《生态环境损害鉴定评估技术指南　污染物性质鉴别》《生态环境损害鉴定评估技术指南　替代等值分析法》等技术方法，进一步完善生态环境损害鉴定评估技术方法体系。

4.5.6 推动环境污染强制责任保险管理改革

一是加快编制环责险投保企业评估管理办法，鼓励保险机构在环境风险防范方面发挥积极作用，对企业开展“环保体检”，为加强环境风险监管提供支持。二是完善定损和理赔等相关配套办法，推动加快定损和理赔进度，及时救济污染受害者，降低对环境的损害程度。三是在强制责任保险法定适用范围之外，各地方政府积极采用柔性激励政策引导企业自愿投保污染责任险，对投保企业优先安排环保专项资金、对投保企业按照规定缴纳的保险费予以税前扣除。

4.6 积极引导社会力量，强化生态环保社会贡献

4.6.1 加强环保社会组织的管理与引导

一是在全国范围内建立健全环保社会组织有序参与环保事务的管理体制，落实综合监管，完善环保社会组织引导发展政策措施，基本建立政社分开、权责明确、依法自治的社会组织制度，基本形成与绿色发展战略相适应的定位准确、功能完善、充满活力、有序发展、

诚信自律的环保社会组织发展格局。二是支持环保社会组织健康有序地参加环保工作，支持公益组织开展相关环保活动，凝聚社会力量，最大限度地形成污染治理和保护环境的合力。

4.6.2 创新环境公益诉讼费用负担机制

除了开展一些环保宣传活动，引导环保社会组织通过环境公益诉讼制度深入参与到环保事业中，灵活运用诉讼费用减免措施，建立环境公益诉讼专项基金，保证环保社会组织提起环境公益诉讼的积极性，让破坏环境的违法行为得到应有的惩罚。

4.6.3 推动环保产业持续健康有序发展

一是健全和创新投资回报机制，提升环保产业持续发展新动能。推进产业融合，增加经营性产业对环保行业的反哺。积极推进资源组合开发模式，“肥瘦搭配”，将环境治理与周边土地开发、供水、林下经济、生态农业、生态渔业、生态旅游等收益创造能力较强的资源开发项目组合。二是鼓励企业积极推进环境治理模式创新，提高企业收益能力。充分考虑企业由于环境治理模式与技术创新带来的成本下降问题，将由此形成的盈利让利于企业。三是加强环保技术创新与示范推广，提高环保产业竞争力。建立市场化引导基金和财政后奖励制度，鼓励企业自主研发、引进消化国外技术，支持企业结合重大工程项目开展研发，形成自主知识产权的技术专利和标准。四是建立以第三方评价为主的新型环境技术评价制度体系。实施工业污染防治技术进步示范工程计划。设立专项资金或现有资金渠道支持环保新技术、新工艺、新产品的示范推广。四是针对今后国际和国内环保市场发展的特点、需求及技术应用的经济成本，超前部署具有未来市场需求和市场竞争力的研发任务，培育环保产业新的经济增长点。

4.7 大力鼓励公众参与，实现多元共治环保格局

4.7.1 强化生态文明意识培养

加强生态文明宣传教育，把生态文明纳入国民素质教育和干部培训体系，推动生态文明教育进课堂、进社区，在全社会牢固树立生态文明理念。一是开展绿色创建行动。深入实施节能减排全民行动、节俭养德全民节约行动，组织开展绿色家庭、绿色商场、绿色景区、绿色饭店等创建活动。树立并表彰节约消费榜样，激发全社会践行绿色生活的热情。二是开展绿色生活宣传行动。建立绿色生活宣传和展

示平台，利用环境教育基地，开展以生活方式绿色化为主题的浸入式、互动式教育。利用世界环境日、世界地球日、森林日、水日、湿地日等节日集中组织开展环保主题宣传活动。

4.7.2 积极鼓励环境保护公众参与

一是建立环保重大决策及项目的公众参与长效机制，环境保护主管部门须通过征求意见、问卷调查，组织召开座谈会、专家论证会、听证会等方式征求公民、法人和其他组织对环境保护相关事项或者活动的意见和建议。二是鼓励公众积极参与环境监督管理，要积极完善环境保护举报奖励办法，大力宣传环境违法行为举报奖励制度的重要意义和实施办法，提高举报奖励制度的公众知晓度，引导广大群众踊跃举报、据实举报。

4.7.3 构建绿色消费全民行动体系

推动绿色消费革命，大力推广绿色低碳出行，倡导绿色生活和休闲模式；推进绿色家庭、绿色社区建设，通过典型示范、展览展示、岗位创建等形式，引领消费方式绿色化，营造有利于生活方式绿色化的社会舆论氛围。鼓励使用高效节能电机、节能环保汽车、高效照明产品等节能产品。加大新能源汽车推广力度，加快电动汽车充电基础设施建设。建立健全对消费者的激励机制，实施绿色建材生产和应用行动计划，推广使用环境标志产品，鼓励选购节水产品。

参考文献

[1] 中国工程院，环境保护部. 中国环境宏观战略研究[M]. 北京：中国环境科学出版社，2011.

[2] 陆浩，李干杰. 中国环境保护形势与对策[M]. 北京：中国环境出版集团，2018.

[3] 王金南，蒋春来，等. 关于“十三五”污染物排放总量控制制度改革的思考[J]. 环境保护，2015（1）：21-24.

[4] 成红. 我国清洁生产立法现状及完善的思考[J]. 河海大学学报（哲学社会科学版），2003，5（1）：41-43，78.

[5] 柯坚. 关于我国清洁生产法律规制的思考[J]. 中国软科学，2000（9）：25-28.

[6] 中国新闻网.上海绿色信贷业务快速发展[EB/OL]. http：//www.chinanews.com/ fortune/2011/07-16/3186869.shtml.

[7] 国家环境经济政策研究与试点项目 2009 年度总结报告[D].环境保护部环境规划院，2009.

[8] 中国江苏网. 无锡环境污染责任保险推行 3 年成效显著[EB/OL]. http：// jsnews2.jschina. com.cn/system/2012/02/12/012695239.shtml.

[9] 董战峰，李红祥，等，国家环境经济政策进展评估 2016[J]. 中国环境管理，2017，9（2）：9-13.